乡村旅游产业
创新实践与案例分析

马 亮 著

中国农业出版社
北 京

［前　言］

　　自 20 世纪 80 年代以来，乡村旅游产业在我国从无到有，快速发展。党的十九大提出实施乡村振兴战略，促进城乡协调发展，推进美丽乡村建设，在此背景下，我们必须认识到，实现乡村振兴，离不开产业振兴。休闲农业和乡村旅游是乡村产业的重要标志，也是实现乡村产业振兴的重要措施，在全国旅游业快速发展的大背景下，我国乡村旅游这一新的旅游形式也受到越来越多人的青睐。数据显示，2012—2017 年，我国休闲农业与乡村旅游人数不断增加，从 2012 年的 7.2 亿人次增至 2017 年的 28 亿人次，年均复合增长率高达 31.2%，增长十分迅速。2017 年，初步统计全国"农家乐"数量达到 220 万家，有休闲农业和乡村旅游示范县（市、区）388 个、中国美丽休闲乡村 560 个，全国乡村旅游收入达 7 400 亿元。随着经济生活水平的提高，人们越发追求精神享受和回归自然，这无疑会进一步促进乡村旅游业的发展。

　　但我们也必须清醒地认识到，在经过快速发展之后，初级的乡村旅游产品已不能满足大众所需，在中国游客日益成熟的旅游经验和消费升级的背景下，乡村旅游产品必须适应客源市场的需求变化，必须在简单的"农家乐"基础上不断创新，逐渐精品化、高端化。未来几年，乡村旅游的发展将成为旅游业新的主要力量，应通过发展乡村旅游，着实启动乡村旅游消费市场，推进我国乡村旅游实现消费大众化、产品特色化、服务规范化、效益多元化发展。同时，乡村旅游产业链也需要进一步完善，智慧化发展应逐步应用到乡村旅游产业，未来"旅游＋""互联网＋"等行动将推动发展休闲旅游、旅游电子商务、城镇旅游等业态，拓展乡村旅游产业链和价值链。随着乡村旅游产业地位的不断提高和乡村旅游产品的不断创新，对相应的高素质乡村旅游专业人才的需求也将会越来越大，旅游高等教育开始占据越来越重要的地位，具有较高素质的应用型人才更是供不应求。

《乡村旅游产业创新实践与案例分析》是研究和学习乡村旅游发展规律、探讨乡村旅游产业创新发展、培养乡村旅游经营者从事乡村旅游工作所需基本素质的一门重要课程。通过对本书的阅读学习，可以了解乡村旅游产业的历史和内涵，明确乡村旅游产业创新经营的内容、种类和形式，了解乡村旅游产业的组成和未来发展趋势，系统掌握从事乡村旅游工作必需的基本理论和基本知识，成为适应我国乡村旅游业发展需要的优秀高素质人才。

本书从乡村旅游产业发展实际和培养目标出发，以科学发展观为指导，充分考虑乡村旅游专业学科实践性强的特点，在内容的选择上，力求理论阐述准确、案例分析清楚，并充分考虑到乡村旅游行业快速发展变化的现状，将最新研究成果、数据、资料、案例穿插于理论之中，以激发读者的学习兴趣；在结构编排上，注重结构的层次性和逻辑性，尽力做到脉络清晰、条理分明；在文字表述上，坚持深入浅出和通俗易懂的原则，语言力求精练、准确，努力使其符合读者的认知能力。

本书内容共分五章，分别是乡村旅游发展概述、乡村旅游创新要素分析、乡村旅游规划创新研究、乡村旅游市场营销创新和乡村旅游要素创新。全书由北京农学院园林学院教师马亮统稿。在本书的编写过程中，得到了有关领导和专业教师的大力支持，另外，北京农学院园林学院风景园林专业研究生路向宇、张冬甜、李云龙、伍丹等同学在资料查找方面做了大量的工作，在此一并感谢。

马　亮

2019 年 6 月

[目 录]

前言

第一章 CHAPTER 1
乡村旅游发展概述

　　2018 年 1 月 2 日，中共中央、国务院发布了《中共中央 国务院关于实施乡村振兴战略的意见》，其中对如何将乡村生态优势转化为发展生态经济的优势提出了明确的路径："实施休闲农业和乡村旅游精品工程，建设一批设施完备、功能多样的休闲观光园区、森林人家、康养基地、乡村民宿、特色小镇"。由此可见，乡村旅游是我国乡村振兴的重要组成部分，将有利于提高农民收入，解决大部分留守老人、妇女等群体就业问题，为广大农村实现现代化提供新的动力。其实早在 2010 年，中央 1 号文件就已经专门强调"要积极发展休闲农业、乡村旅游"。截至 2017 年，全国乡村旅游实际完成投资约 5 500 亿元，年接待人数超过 25 亿人次，乡村旅游消费规模增至 1.4 万亿元，带动约 900 万户农民受益。乡村旅游已经成为我国旅游产业的重要组成部分，成为城市居民日常休闲的重要选择之一。

第一节　乡村旅游的概念

一、乡村的概念

　　乡村，即非城市化地区，通常指社会生产力发展到一定阶段时产生的，相对独立的，具有特定经济、社会和自然景观特点的地区综合体，是居民以农业为经济活动基本内容的二类聚落的总称，又称农村。在我国，乡村指县城以下的广大地区。长期以来，乡村生产力水平十分低下，流动人口较少，经济不发达。但在城市向工业化阶段转换的过程中，乡村环境遭到破坏的程度远比城市低得多。乡村产业结构以农业为中心，其他行业或部门直接或间接地为农业服务或与农业生产有关，故认为乡村就是从事农业生产和农民聚居的地方，把乡村和农业相等同。

乡村是相对城镇而言的概念，是土地利用的一种类型。随着城镇化进程的加快，城乡界线越来越模糊，行政边界、户口政策等人为的城乡界线正在逐渐消失，截至 2018 年，我国 30 个省份已经出台了关于取消农村户口的相关文件，因此，界定乡村变得越来越难。根据综合人文地理学和人类生态学的研究经验，可以从以下几个方面来判断。

（1）乡村用地类型，即土地的利用方式。一般来说，我们把土地利用类型划分为 9 个大类，即耕地、林地、牧草地、园地、水域、城镇及工矿用地、村镇居民点、未利用地和特殊用地。除城镇及工矿用地和特殊用地外，都是常见的乡村用地类型。当一个区域的用地类型包括耕地、林地、牧草地、园地、水域、村镇居民点、未利用地中的一种或几种，且面积比例占绝对优势时，我们把这一区域定义为乡村，如图 1-1 所展示的贵州万峰林地区以美丽的油菜花海闻名于世，但广阔的耕地表明其依然属于农村。

图 1-1　贵州万峰林

（2）乡村生产方式，即大农业（包括农、林、牧、副、渔）是区域内主要的生产方式。根据城市地理学的研究经验，一般把农业从业人口超过 80％的区域称为乡村。

（3）乡村经济来源，即区域经济主要依靠何种产业来支撑。区域经济主要来源于第一产业（即大农业的收入）的区域即为乡村。图 1-2 所展示的华西村，虽然其名称依然被冠以"村"，但其主要经济来源是第二和第三产业，所以不能称之为乡村。

图 1-2　华西村

（4）乡村文化。文化是人类对生存环境的社会生态适应，由于生存环境不同，孕育的文化也不尽相同，正是由于文化差异，使得广大乡村地域能够区别开来，形成不同的吸引力。如元阳梯田依托哈尼族的梯田文化、丽江黄山乡依托纳西族的东巴文化、香格里拉霞给村依托藏族的农牧文化。乡村文化包括多方面要素，如聚落类型、建筑风格、服饰、语言、生活方式、民俗节庆等。

因此，对乡村旅游的界定不能只从行政区划角度进行简单划分，应该综合考虑上述 4 个方面。随着城镇化进程的加快和我国整体经济水平的提升，衡量乡村的标准也会随之发生变化。

二、乡村旅游的概念

国内外学者从不同角度对乡村旅游的概念进行了大量讨论，得出 30 多种乡村旅游的概念，但要对乡村旅游进行界定，须明确以下几个方面的内容。

（一）明确空间概念

乡村旅游只能发生在乡村这个空间。乡村是指以从事农业生产为主的劳动人民居住的地方，或称乡间聚居之地，它有别于都市和风景名胜区。

（二）明确资源概念

乡村旅游资源存在于乡村。乡村中凡是具有审美和愉悦价值且使旅游者为之向往的自然存在、历史文化遗产和社会现象都属于乡村旅游资源的组成部分，它不仅包括乡野风光等自然旅游资源，还包括乡村建筑、乡村聚落、乡村民俗、乡村文化、乡村饮食、乡村服饰、农业景观和农事活动等人文旅游资源。

（三）明确目标市场

乡村旅游的目标市场主要定位于城市居民，满足都市人享受田园风光、回归自然、体验民俗的愿望。

（四）明确内容形式

乡村旅游是一个内容丰富、形式活泼的旅游形式，除了能满足游客观光游览的需求外，还可以满足游客度假休闲、农事体验等多种需求，是集观光、游览、娱乐、休闲、度假和购物于一身的新型旅游形式。

（五）明确发展特色

乡村旅游的特色在于其乡土性，乡土性是乡村旅游吸引目标群体的独特优势所在。在进行乡村旅游规划、设计和组合产品时，应充分利用这个优势，满足城市居民回归自然的需求。

综上所述，乡村旅游是指以乡村空间环境为依托，以独特的乡村风光和乡村文化为旅游资源，利用城乡差异来规划设计和组合产品，主要吸引城市居民进行旅游消费活动的一种新型旅游形式，可以为乡村社区带来社会、经济和环境效益。

传统村落乡村旅游开发——平峪村

　　平峪村位于北京市房山区十渡镇的西南部，南临河北省涞水县。村庄距离十渡镇 7 千米，距离北京市 70 余千米。平峪村自然、地貌、植被、气候以及历史文化等资源优越，以"山水人家休闲谷，田园超市幸福村"作为村庄产业发展的基本定位，并在此基础上进行功能分区和规划布局。

一、市民田园超市

（一）规划区位

　　市民田园超市是平峪村的主要功能区之一，也是平峪村最具特色的项目。凭借房山区大力发展中央购物休闲区（CSD）这一大背景，在葡萄园出口附近建设了一个集采摘、销售、餐饮、娱乐为一体的北京第一市民田园超市。

（二）规划创意

　　2009 年 3 月，履新不久的房山区区委书记刘伟邀请来自房地产、投资、设计等领域的 40 余名北京市青联委员到房山区考察并对房山的未来发展建言献策，意在"适应新形势的要求，树立新思路，采取新措施，打造房山新形象。"其间，考察队伍中早晨设计公司的经理魏来提出了新畅想，要为经济落后的房山提供一个创新的整体线索，使房山区域内的资源相互配合和再利用，进而提出了发展房山中央休闲购物区的规划。未来中央休闲购物区将以华北地区最大的奥特莱斯为经济引擎，以户外体育产业（包括足球、高尔夫、网球）、会展经济为可持续发展的经济动力，以特色旅游产业（包括民宿、温泉、生态农业）

为休闲服务主体，以酒店、餐饮、娱乐为配套服务，激发地区经济活力，创造可持续发展的经济模式，实现其战略性规划的总体构想。

平峪村提出建立北京第一市民田园超市的设想符合房山未来发展中央休闲购物区的规划背景，游客来到房山不仅可以到华北地区最大的奥特莱斯享受现代产品的购买乐趣，还可以在房山十渡山水的醉人美景中体验休闲乐趣。休闲观光之余，游客会发现在自然山水之间还存在一个可以尽情购买乡村特色产品的市民田园超市，其中的产品与奥特莱斯的产品互有特色、互相补充。

市民田园超市在北京还属于新生事物，以往游客到郊区旅游，特别是到房山十渡旅游主要是体验自然山水，品尝特色美食。驱车从十渡到野三坡一线走来，具有当地乡村特色的旅游购物中心寥寥可数且没有特色。因此，规划建议在平峪村建设"北京第一市民田园超市"，满足市民乡村旅游购物的需求。

田园超市出口正对涞野公路，入口处有一个几百米的葡萄长廊，在炎炎夏日中为远方的来客带来一丝清凉的感受，此外，从远处看过来，一条蜿蜒曲折的绿色葡萄长廊本身就是一个巨大的视觉冲击。在长廊下修建鹅卵石道路，两侧设置绿色农产品的电子展示屏，不仅介绍本村的特色瓜果蔬菜，还可以展示平峪村特色有机绿色蔬菜水果的生产过程及培育知识，集观光和科普功能一体。长廊两侧面向公路的山坡上将统一规划，种植不同特色品种的葡萄和樱桃树，树下发展林下经济，种植黄芪等中草药，形成绿色景观带。山坡顶部原有的大棚将进行重新改造，建设设施农业，将其改造成20栋玻璃温室，内部种植有机绿色蔬菜和特色花卉等高价值农产品。

山野特色餐厅建造在田园超市内，采用当地风情民居建筑风格，外观建筑与整个山水田园环境融为一体。游客在此不仅能欣赏拒马河夜景、青山暮色，还能充分领略乡村民俗美食文化的深厚底蕴和独特魅力。餐厅一共四层，一、二楼为大厅，二楼可承接50人左右的聚餐；三、四楼为包厢。餐馆装修简洁而温馨，让人感觉干净舒适。

餐厅聘请名厨料理，特色为有机山区蔬果，是宾朋聚会、商务宴请的绝佳选择。

二、十五渡漂流运动基地

（一）规划区位

十五渡漂流运动基地是平峪村的主要功能区之一，其发展基础借助于平峪村村边常年流淌不断的拒马河。项目区位于从十五渡到村庄入口处2千米左右的拒马河河道。

（二）规划创意

漂流曾是人类一种原始的涉水方式，最初起源于爱斯基摩人的皮船和中国的竹木筏，但那时是为了满足人们的生活和生存需要。漂流是在第二次世界大战之后才开始发展成为一项真正的户外运动的，一些喜欢户外活动的人尝试着把退役的充气橡皮艇作为漂流工具，逐渐演变成今天的水上漂流运动。驾着无动力的小舟，利用船桨掌握方向，在时而湍急时而平缓的水流中顺流而下，在与大自然的抗争中演绎精彩瞬间。在忙碌的都市生活中，人们一直寻找的就是这样刺激的、区别于平凡生活的独特感受。

在我国，漂流运动起步较晚，北京目前也开发了一些漂流项目，不过基本上都是利用自然河流顺流直下，惊险刺激性不足。规划中的十五渡漂流运动基地计划打造一个贴近自然的运动型漂流基地，对从十五渡到村口2千米之间的河道进行整理，束紧成一条5米宽的河道，利用水电站闸门调节河流水量，并人工在河道中设置一些漂流障碍，如激流回旋等，增强漂流者的刺激感受。

三、野外穿越运动初级培训基地

(一) 规划区位

野外穿越运动初级培训基地是平峪村的主要功能区之一，其发展基础为平峪村周围连绵不绝的太行山脉，打造针对北京户外旅游爱好者的北京第一家野外穿越运动初级培训基地。

(二) 规划创意

野外穿越是探险旅游的一种形式。顾名思义，凡是起点与终点不重合、不走回头路的野外探险活动都可以称为穿越。典型的野外穿越一般在穿越者比较陌生、地形复杂多样、具有神秘感的地域进行，穿越区内往往人迹罕至、鸟兽出没。穿越者没有现成的路可走，没有明确的路标指示方向，只能依靠地形图、指南针、海拔表，再加上自己的头脑来判断方位、选择路径，逢山则登，遇水而涉，披荆斩棘，一往无前。峭壁横空，可以攀缘而上；沟壑当前，不妨凌空飞渡；有时需要漂流而下，有时却又要溯溪而上，直让人使尽浑身解数。另外，常规的登山活动都设有相对固定的营地，可以贮存给养、提供支援，而穿越则不同，由于不走回头路，一般不设立中转营地，所有吃、穿、住、行所需，皆一囊以括、肩负而行。一旦发生意外情况（如恶劣气候、地震、洪水、野兽袭击、受伤、迷路等），也基本上要依靠自己（或同伴互助）来应付解决。

比起普通的旅行观光，野外穿越要艰苦得多。穿行在无人的崇山峻岭、大漠荒原，背上是沉重的行囊，脚下是崎岖的"野径"，或顶酷暑或冒严寒，风霜雨雪，朝夕相伴，山泉解渴，干粮充饥，苦乐自知。夜晚则住帐篷、钻睡袋，随遇而安。

尽管旅程艰苦，但近年来随着旅游业的发展，旅游者的经验日趋丰富，不少中青年旅游者，甚至一些老年旅游者纷纷加入到这一运动中来。户外装备、野外穿越俱乐部及相关产业发展迅猛，每逢周末、节假日，在北京周边的山林峡谷里，野外穿越爱好者络绎不绝。但由于发展时间较短，从事这项运动的爱好者和游客素质参差不齐，北京房山就曾发生过两起野外穿越爱好者遇险事件，北京警方甚至首次出动直升机展开救援，耗费了大量的人力和物力。试想，如果这些运动爱好者经过专门的培训，无论对旅游者本身还是国家来说都是一个不错的选择。

针对这一市场商机，规划建议在平峪村及周边地区开发一系列野外穿越探险培训基地。平峪村周边山地广阔，视野良好，山势相对平缓，所以建议规划建设一处初级培训基地。计划在村庄设野外穿越培训基地一处，用于接待外来穿越爱好者，平时可聘请一些北京野外穿越运动的资深专家和"驴友"来此进行专题讲座和培训，内部还设有户外运动装备品牌专卖店。周边的山地可用于开展野外实地训练，可考虑在一些水源丰富的地区设置野营基地。

四、碧水乐园

（一）规划区位

碧水乐园项目规划建设在村庄南侧，拒马河在此汇集成一片清潭，可在此设计一座现代水上乐园，以满足北京市场日益增长的亲子戏水需求。

（二）规划创意

规划利用中下游地势平缓地带拦坝蓄水，建设小型水上游乐园一座，内部设有各种不同的戏水设施和玩水活动。在这里，游客不仅能享受到白天的日光浴，也能在夜晚与家人和朋友享受月光下的浪漫，将是游客在夏日里最佳的休闲选择。

五、平峪有机农产品加工园区

（一）规划区位

平峪有机农产品加工园区位于平峪村中心东南侧，主要围绕有机绿色农产品加工展开，是发展社会主义新农村、建设平峪村新兴产业的重要基地。

（二）规划创意

加工园区占地面积 2 000 米²，建有低温库、原料库、成品库及农产品加工车间。为了进一步保障农产品从农场田地到餐桌的质量，完善农产品的质量控制体系，未来的平峪有机农产品加工基地下辖有机农场，严格按照国际有机农业标准控制产品质量，带动更多农户致富，也为村集体创造更多财富。产品经过加工包装后，一方面可以供给田园超市销售，一方面可打造总部基地品牌，整合各地资源，销往全国。加工基地的建设和运营不仅能带动当地经济的发展，还能促进当地农民的就业。

六、苹果园休闲采摘区

（一）规划区位

苹果园休闲采摘区位于平峪村北部山地，是发展社会主义新农村、改造平峪村传统产业的重要基地（图 1-3）。

图 1-3 平峪村设施农业规划

（二）规划创意

以发展绿色生态种植业为核心，大力建设完善集观光、采摘、休闲、科技示范为一体的有机果品生产基地。有机农产品是指根据有机农业原则和有机农产品生产、加工标准生产出来的，经过有机农产品颁证组织颁发证书的产品。有机农业是一种完全不用或基本不用人工合成的化肥、农药和饲料添加剂的生产体系。

通过土地整理和开拓荒地，对田间甬路进行统一规划，并大力发展林下经济，在林下养殖柴鸡。可联合北京市各大农林高校、科研院所合作培植开发。基地一方面可为各高校开展农科教学，开展有关果树高产栽培、果品保鲜贮藏、新品种引进等技术的研究提供试验场所；另一方面，各高校也可以为生产基地的建设提供土壤管理、保花保果、室内培训、田间地头指导等技术咨询。同时，有机果品的申请可为平峪村的果品销售打造一个良好的品牌形象。

七、入口服务区

（一）规划区位

主入口设置在村庄南侧邻近水上乐园入口处，设立主入口服务区，树立平峪村乡村旅游路线图和景区导游牌，让游客刚下车就可以对景区有一个全面的认识。

副入口设置在十五渡漂流码头附近，设置停车场和小型土特产品市场一处（图1-4）。

（二）规划创意

主入口服务区在大门外侧，设计特色景观大门一座，上置平峪村特色标志，在道路和河流中间的平地上，修建大型旅游信息服务中心一处，规划建设二层建筑楼房，一楼可规划作为接待服务中心，负责门票的售卖、客人的导游等相关旅游服务；二层为管理机构驻地。楼体全部以爬墙虎等植物覆盖，营造生态特色。此外的平地设置为停车场地，设置大概200个停车位。

图1-4 平峪村村口建筑规划

副入口服务区设置在十五渡漂流码头附近，在入口两边规划建设旅游特色商品街一处，售卖当地土特产品，如特色包装的各种蘑菇、水果以及绿色蔬菜等，解决当地农民的就业，提高当地人的收入水平。同时，设计能够停放100辆汽车的小型停车场一处。

▶ 案例分析：

1. 平峪村乡村旅游规划在哪些部分体现了对传统农业的改造升级？

2. 在平峪村的规划中，哪些内容符合旅游市场的新兴需求？

第二节　乡村旅游的兴起与发展

一、国际乡村旅游的兴起与发展

有关乡村旅游的起源说法很多。1855年，一位名叫欧贝尔的法国参议员带领一群贵族来到巴黎郊外农村度假，他们品尝野味，乘坐独木舟，学习制作鹅肝酱馅饼，伐木种树，清理灌木丛，挖池塘淤泥，欣赏游鱼飞鸟，学习养蜂，与当地农民同吃同住。这些活动使他们重新认识了大自然的价值，加强了城乡居民之间的交往，增强了城乡居民的友谊。此后，乡村旅游在欧洲兴起并兴盛起来。20 世纪 60 年代，西班牙开始发展现代意义上的乡村旅游，随后，乡村旅游在欧美发达国家的农村地区迅速发展。20 世纪 80 年代后，乡村旅游已具有相当规模，并走上了规范化发展轨道，德国、意大利、荷兰、保加利亚、英国、美国、巴西、日本等国家都开展了丰富多彩的乡村旅游活动，并取得了明显的社会、经济、生态效益。

目前，以农庄度假和民俗节日为主题的乡村旅游，在欧洲、美洲开展的历史达百年以上，在欧美一些发达国家，乡村旅游已具相当规模。据世界旅游组织统计，在欧洲每年的旅游总收入中，农业旅游收入占 5%～10%。在西班牙，36% 的人的季节休假是在 1 306 个乡村旅游点的房屋里度过的；在新西兰、爱尔兰、法国等国家，政府把乡村旅游作为稳定农村、避免农村人口向城市流动的重要手段，在资金、政策上给予大力支持，政府也从中得到了丰厚回报；加拿大、澳大利亚及太平洋地区的许多国家也都认为乡村旅游业是农村地区经济发展和经济多样化的动力。在开发乡村旅游方面有成功经验的国家均制定了专门的乡村旅游质量标准和管理法规，产品、管理和市场开发都比较成熟。

二、我国乡村旅游的起源

中国是个古老的农业国，很早就已经产生了古代文人墨客的郊游和田园休闲活动，后来，城市居民到城郊远足度假十分盛行，但其多是自助式的，且旅游对象处于纯自然状态，未经开发，不是现代的乡村旅游或农业旅游。我国乡村旅游起源于 20 世纪 80 年代的深圳，当时深圳为了招商引资，开办了荔枝节，随后又开办了采摘园，取得了较好的效益。于是各地纷纷效仿，开办了各具特色的观光农业项目，形成了许多特色鲜明的乡村旅游点，如四川的农家乐旅游项目、贵州的村寨旅游、北京平谷的蟠桃采摘园和大兴的西瓜采摘园、浙江金华石门农场的花木公园和自摘炒茶园等。20 世纪

90 年代初，作为脱贫和农业产业结构调整的一种形式，乡村旅游在四川休闲之都——成都郊区龙泉驿书房村桃花节成功示范效应的带动下，迅速在全国各地推广开来。

国内乡村旅游起步晚，但发展速度比较快，其发展演变呈现出以下发展阶段：

1. 早期兴起阶段（1980—1990 年） 主要集中于具有特殊自然资源和文化特色的乡村地区，如安徽省皖南地区的西递宏村（图 1-5）和云南南部的少数民族地区。此时，乡村旅游开发多处于无意识状态。

图 1-5　安徽西递宏村

2. 初期发展阶段（1990—2000 年） "农庄旅游"开始在珠江三角洲地区兴起，主要表现为城里人到农村参观、品尝美食的"农家乐"类型。20 世纪 90 年代后，随着乡村地区观光农业园的大规模建立，逐步形成了市民农园、教育农园、休闲农场、休闲牧场、农村留学、民俗农庄、森林旅游、高科技农艺园、多功能花园、乡村工业园、水乡旅游、田园主题公园、乡村生态旅游区等多种形式的乡村旅游，表现为城里人到各类农业观光园采摘水果、钓鱼、种菜、野餐、学习园艺等。此阶段的发展特征表现为以开发观光农业为主，满足大众的休闲旅游，并向"乡村度假型"发展。这期间涌现出了一大批具有鲜明乡土特色和时代特点的乡村旅游地与乡村旅游区，如北京平谷的蟠桃采摘园和大兴的西瓜采摘园（图1-6）、淮北平原的"绿洲仙境"、江苏省江阴市华西村、上海的都市农业园、广东番禺的农业大观园等。这些乡村旅游地的开发和建设不仅为当时城市中刚刚富裕起来的居民提供了新的旅游休闲地域与空间，而且为农民致富和农村发展开辟了新的途径。

图1-6　大兴西瓜节

3. 初具规模阶段（2000—2010 年）　进入 21 世纪，党中央、国务院高度重视乡村旅游的发展，中国共产党第十七届中央委员会第三次会议在《中共中央关于推进农村改革发展若干重大问题的决定》中明确提出要根据我国国情因地制宜发展乡村旅游，这是历史性的重大突破。2001 年正式启动了"全国农业旅游示范点"创建工作，2002 年出台了《全国农业旅游示范点检查验收标准》，在全国开展创建"全国工农业旅游示范点"，对各地发展乡村旅游起到了极大的推动作用。2004 年，我国推出"中国百姓生活游"的旅游主题，其目的就是通过旅游者走进百姓生活，让百姓参与旅游活动，通过城乡游客互动带动乡村社会经济的发展；2006 年的"中国乡村旅游年"更是把中国乡村旅游建设推向高潮。2009 年全国旅游工作会议指出，发展城乡旅游已成为各地发展农村经济的重要抓手、培育支柱产业的重要内容、发挥资源优势的重要手段、促进城乡交流的重要途径、优化产业结构的重要举措，并启动乡村旅游"百千万工程"，即围绕旅游产业的全面发展，在全国推出 100 个特色县、1 000 个特色乡、10 000 个特色村。国内开展的乡村旅游活动最初大多数是以观光旅游和周末休闲的形式出现的，多在大、中城市近郊开展，多数为都市农业旅游或"农家乐"式的乡村旅游。后来，一大批以"体验农民生活，享受农村风光，欣赏农村风情"为主的新型乡村旅游产品在全国各地相继涌现。

4. 创意提升阶段（2011 至今） 经过 30 多年的发展，我国乡村旅游产业规模日趋扩大，业态类型日益多元，发展方式已从农民自发发展向规划引导转变，经营规模已从零星分布、分散经营向集群分布、集约经营转变，投资主体由政府鼓励农户投资向社会资本全面投资转变。相关部门大力推进乡村旅游由自发式粗放发展向规范化特色发展转变，努力把乡村旅游做成大产业，例如由 IDG 战略交配、中青旅控股股份有限公司、乌镇旅游股份有限公司和北京能源投资（集团）有限公司共同投资 45 亿元人民币建设的北京·密云古北水镇（司马台长城）国际旅游度假区（图 1-7）和法国人司徒夫投资的莫干山里法国山居（图 1-8）。

图 1-7 北京古北水镇

图 1-8　莫干山里法国山居

　　从 2011 年开始，农业部、国家旅游局在全国联合开展休闲农业与乡村旅游示范县和全国休闲农业示范点创建活动。活动的目的是通过创新机制、规范管理、强化服务、培育品牌，进一步规范提升休闲农业与乡村旅游发展，推进农业功能拓展和农村经济结构调整。国家旅游局投资项目库数据显示，2016 年，全国乡村旅游类产品实际完成投资 3 856 亿元，同比增长 47.6%，主要集中在民宿、特色小镇、乡村旅游综合体等领域。而全国休闲农业会议的数据显示，2016 年全国休闲农业和乡村旅游接待游客大约 21 亿人次，营业收入超过 5 700 亿元。2016 年，乡村旅游从业人员 845 万人，带动 672 万户农民受益。截至 2017 年，全国共创建休闲农业和乡村旅游示范县 388 个、中国美丽休闲乡村 560 个。乡村旅游正以高于国内旅游的发展速度高速增长，且在国内旅游市场份额中的占比不断增加。

第三节　乡村旅游的特点和功能

一、乡村旅游的特点

（一）乡村性

　　乡村旅游的核心吸引力和独特卖点就在于其特有的乡村性。从资源的吸引力角度分析，在长期的历史发展过程中，乡村地区各种生产、生活要素的积累和沉淀造就了其独特的自然资源和文化资源，包括乡村田园风光、特色饮食、民居建筑、农耕文化、节日庆典等。这些资源极具乡土气息，以这些资源为载体的乡村特色是乡村旅游的核心吸引物，也是促进游客涌向乡村的驱动力。从游客的需求角度分析，乡村旅游迎合了游客回归乡土、亲近自然的旅游需求。乡村旅游的活动内容有别于城市旅游，它是以浓重的乡村性来吸引广大游客的。在现代社会，生活节奏的加快、工作压力的增大和紧张重复的劳动使人们逐渐怀念起农村的恬静与惬意，无论是美丽的自然风光、各具特色的民俗风情（图1-9），还是味道迥然的农家菜肴（图1-10）、风格各异的居民建筑以及充满情趣的传统劳作，都具有城市所缺乏的优势和特色。乡村旅游为游客提供了返璞归真、重归自然的机会。

图1-9　哈萨克族民俗——姑娘追

图1-10　北京柳沟豆腐宴

（二）参与性

区别于城市旅游偏向纯观光的旅游方式，乡村旅游具有很强的参与性，游客到达目的地后，除了欣赏农村优美的田园自然风光外，还可以亲自参与到一系列活动中。在乡村，游客可以参与茶农们采茶、炒茶和泡茶的全过程，也能上山下地进行农耕劳动（图 1-11）、采摘蔬菜瓜果等；在渔家乐，游客可进行垂钓、划船等活动（图 1-12）。通过这些活动，游客们能更好地融入乡村旅游的过程中，对农家的生活状态、乡土民情有更深入的了解，而不是作为旁观者纯粹欣赏风景而已。

图 1-11　农耕劳动

图 1-12　渔家海钓

（三）体验性

游客对乡村旅游的喜爱很大程度上是因为它具有体验性特征。乡村旅游不是单一的观光游览项目，而是包含观光、娱乐、康疗、民俗、科考、访祖等在内的多功能复合型旅游活动。游客可通过直接品尝农产品（蔬菜瓜果、畜禽蛋奶、水产品等）或直接参与农业生产与生活实践活动（耕地、播种、采摘、垂钓等），从中体验农民的生产劳动和乡村的民风民俗，并获得相关的乡村生活知识和乐趣。乡村旅游的参与者多数是城市人群，他们要么对乡村生活完全陌生，从而感到好奇和向往，要么曾经熟悉乡村生活，而现在已经远离大自然和农村，试图借此重新获得对乡村生活的体验和回忆。有这样的背景，游客自然会格外看重乡村旅游的体验性，以此来获得全新或曾经熟悉的生活体验（图1-13）。

图1-13 农耕体验

（四）差异性

乡村旅游的差异性着重体现在地域和季节两个方面。在地域方面，由于气候条件、自然资源、习俗传统等的不同，使不同地方的乡村旅游活动内容表现出很大的差异性。在季节方面，由于农业活动在很大程度上依赖于季节，因此，随着季节的转变，各地乡村旅游活动呈现明显的季节性（图1-14，图1-15）。乡村旅游资源大多以自然风貌、劳作形态、农家生活和传统习俗为主，农业生产各阶段受水、土、光、热等自然条件的影响和制约较大，因此，乡村旅游，尤其是观光农业在时间上具有可变性的特点，也导致乡村旅游活动具有明显的季节性。不过季节、气候的不同变化也赋予了乡村旅游资源不同的风貌，可以满足不同口味游客的不同需要。同时，乡村旅游资源的分散导致乡村旅游在空间上呈现分散性特点，这种空间上的分散扩大了旅游环境容量，可以避免城市旅游出现的拥挤和杂乱，缓解游客游览时的紧张情绪，最大限度地激发游客的旅游热情。

图 1-14　云南罗平 4 月油菜花

图 1-15　青海门源 8 月油菜花

（五）目标市场为城镇居民

　　乡村旅游的特点就在于其浓重的乡村气息，因此这种旅游形式对生活在农村的人并不具有吸引力。但是，对生活在高度商业化的大都市的居民而言，钢筋水泥的建筑、繁重的工作压力以及浑浊的空气（图1-16）都让他们对乡村旅游充满了幻想和憧憬（图1-17）。

图1-16　空气污染的城市

图1-17　西藏民宿

（六）费用低

　　乡村旅游的经营主体是农民，旅游资源也大多依赖于现有的农业资源，不用进行大量的投资就可投入使用而获得经济收益，因此属于投资少、见效快的旅游方式。也正因为成本较低，游客在进行消费时所支出的费用也相对较低，无论是住宿、餐饮还是交通，都比城市旅游的开支低得多，如山东青岛的渔家乐在团购网站上的价格仅为100元/人，相对城市旅游非常实惠（图1-18）。

图 1-18　青岛渔家宴

二、乡村旅游的功能

（一）审美享受

长期生活在城市之中，看到的都是钢筋水泥，听到的都是汽车喇叭，呼吸的都是浑浊的空气，在这种情况下，人们不禁会追求一种别样的审美愉悦。乡村旅游正符合这种需求，无论是宜人的自然风光，还是充满了趣味的田园生活，或是清新的空气，都能让在都市中生活久了的人体验到别样的审美情趣。

（二）缓解压力

人们之所以选择乡村作为旅游目的地，主要是为了摆脱城市中快节奏和紧张重复的生活环境，暂时逃避现实生活，遗忘生活和工作中的不快。经过一段时间的放松之后，游客能以一种全新的状态回归到现实生活中，重新接受挑战。

（三）教育体验

在乡村旅游过程中，亲子市场非常重要，因为其中除了娱乐以外，还能对孩子进行最直接、最现实的教育。通过体验农村生活、品尝乡村野味、参与农业劳动，从小生活在城市中的孩子能够领略到农村别样的生活方式，体味到农村人的辛苦和勤劳，学习到有关自然的知识，寓教于乐，是一种很好的教育体验方式。

（四）文化传承

相比于城市，农村往往保留了更多的中国传统文化。通过乡村旅游，建设民俗文化村、举办民俗文化节，都市人能够更好地了解乡村社会文化和民俗风情，起到传承中国传统文化的作用。乡村旅游的开发可以挖掘、保护和传承农村文化，以农村文化为吸引物，发展农村特色文化旅游。同时，通过旅游可以吸收现代文化，形成新的文明乡风。

（五）扶贫致富

旅游业是一种投资少、见效快、收益多的高度综合的特殊产业，通过初次分配和再分配的循环周转，不仅促进了经济的发展，而且促进了贫困地区产业结构的优化和转变，从而提高贫困地区人民的生活水平，缩小其与发达地区之间的差距，对解决"三农"问题起着举足轻重的作用。同时，发展乡村旅游能使那些拥有丰富旅游资源而经济贫困、交通落后的地区加快招商引资的步伐。在贫困地区，由于土地资源有限，农村富余劳动力一直存在，通过发展乡村旅游，可以安置过剩的劳动力，扩大就业面，极大地维护和促进当地社会的稳定，提高了社会的整体效益。

（六）改变乡貌

农村地区之所以落后，很大一部分原因在于观念落后，而乡村旅游的发展可以吸引大量城市游客，农民在为游客服务的同时，也可以开阔视野，接收到城市中先进的思想和理念，更新陈旧的思想观念，使乡村的生态环境、社区居民的精神面貌、乡风文明等得以改观。

🔍 **案例 1-2**

这个休闲农业项目，
开业 3 年收入 7 亿元，凭什么？

休闲农业要搞好，必须打好组合拳。今天我们来看一个案例——古北水镇。从 2014 年开业至 2017 年，才历经了短短的 3 年，其游客量突破了 245 万人次，旅游收入达到 7.35 亿元，同比增长分别为 67％和 59％。它是如何从一个无名的小镇成为当今的"爆款"，又是如何从竞争激烈的旅游行业中脱颖而出成为后起之秀的呢？

一、为什么是古北口这个地方？

古北水镇位于北京市密云区古北口镇，坐落在司马台长城脚下。古北口自古以雄险著称，有着优越的军事地理位置，《密云县志》上描述古北口"京师北控边塞，顺天所属以松亭、古北口、居庸三关为总要，而古北为尤冲"。随着社会的变迁，其军事要地之势虽有下降，但其优越的地理位置逐渐突显。

论地理环境，古北水镇位于北京市密云区古北口镇，是北京的东北门户，背靠中国最美、最险的司马台长城，有珍贵的军事历史遗存和独特的地方民俗文化资源，且其坐拥鸳鸯湖水库，拥有原生态的优美自然环境，是京郊罕见的山水城有机结合的自然古村落。

论区位交通，古北口镇与河北交界，目前拥有京承高速、京通铁路、101 国道三条主要交通干线，距首都国际机场和北京市均为 1 个半小时左右车程，距离密云区和承德市约 45 分钟车程。交通便捷，车程控制在 2.5 小时内是当前消费升级浪潮下城市周边游相对适宜的标准，这也使得古北口镇逐渐成为周边城市家庭节假日休闲度假的第一选择。

论空间区位，我国优质古镇集中分布在南方，如周庄、同里、乌镇、西塘、丽江等，北方的古镇虽然不少，但由于北方缺水，很难找到背山靠水、体量相当且综合美誉度能与江南"六大名镇"并驾齐驱的古镇。

二、如何摆脱门票经济？

从 2014 年开业至今，古北水镇的经营业绩"一路狂飙"，令人咋舌。2014 年，古北水镇的游客接待量为 98 万人次，实现旅游收入 1.97 亿元；2016 年，游客接待量达到 245 万人次，实现旅游收入 7.35 亿元。而其师出同门的乌镇景区，从 2007 年营业开始，直到 2013 年，其营业收入才突破 7 亿元。

古北水镇在规划时，对景区业态进行了"三三制"划分，即 1/3 的门票收入，1/3 的酒店收入，1/3 的景区综合收入。门票只是进入古北水镇的门槛，游客在景区里的二次消费才是经营者更为看重的收入来源。景区包括索道、温泉、餐饮、住宿（图 1-19）、娱乐、演艺及展览等项目，收入渠道多样，同时各项目间能彼此促进，在充分满足游客多种旅游消费需求的同时，极大降低了门票在整个经营收入中的比例，取得了破解"门票经济"的巨大成功，提升了整体收入规模。2017 年 3 月 1 日，古北水镇取消原有的夜游门票，从 2017 年 3 月 25 日开始，景区全天门票价格统一为 150 元/人，大量客流使景区运营突破了昼与夜的限制，成为了真正意义上的旅游度假区。

图 1-19　古北水镇民宿

三、如何减少淡旺季节差？

古北水镇基于对景区普遍存在淡旺季的问题，推出夜游长城索道、夜游船、温泉、灯光水舞秀、传统戏剧、杂技等常规类项目；以"圣诞小镇""古北年夜饭""长城庙会"为冬季主题品牌活动，开发出雪地长城观赏、庙会、冰雕节、美食节、温泉（图1-20）等一系列冬季旅游产品，强化冬季氛围，提升景区人气。通过统筹景区内各类资源，有效实施收益管理，以调节北方景区存在较为普遍的淡、旺季客流不均衡现象，实现了"淡季不淡、旺季更旺"的经营目标。

图1-20 古北水镇温泉

旅游业是一个季节性非常突出的行业，大多数景区的接待高峰一般集中在"五一"至"十一"期间，"十一"之后客流就会呈现断崖式下跌。但从古北水镇季度经营业绩情况来看，每年第二至第四季度的游客相对平稳；第一季度客流虽较为惨淡，但在2017年第一季度，古北水镇内的各大住宿设施都呈现出满房的态势，说明经过有针对性的策划与提升，古北水镇未来一年四季客流皆满的"盛况"应该很快就能实现。

四、提高游客重游率有妙招

现在的景区"不怕游客不来，就怕游客不再来"。如何提高游客的重游率成为景区十分头疼的难题。古北水镇以生活场景再造的方式，大大提高了游客的旅游体验，从而提高游客的重游率。

　　目前，古北水镇通过多个主力店营造文化韵味与体验感，辐射游客消费的多重场景，景区内的 4 家五星级酒店、2 个高档会所、4 家精品酒店、30 多个特色民宿、200 多家商铺、10 余个民俗展示体验区、全长 1 256 米的长城索道以及国内首屈一指的温泉资源都成为游客的重要场景体验场所。这其中让人印象最为深刻的是十余处特色民俗展示体验区，在这里，游客可以全程参与从选料、生产、加工到出成品的民俗体验，并将自己制作的产品带回家。

　　此外，各有特色的住宿空间也成为景区的一大亮点。在旺季，酒店住宿率在 95％以上，住宿需提前半个月甚至一个月预定，五星级酒店市场价格定位在每晚 1 500 元以上，民宿则为每晚 500～3 000 元。

　　古北水镇每一处都是一个景点、一个场景，游客很难一次就体验到这里的全部活动，丰富的体验场景成为游客重复消费的重要拉力。

五、将最大的善意释放给每一位游客

　　借鉴乌镇西栅景区成熟的运作模式，古北水镇在开发时就构架了对景区的统一运营管理模式。迁出原景区的居民以颠覆式的社区重构拥有景区全部商铺和住宅的产权，原景区居民变成景区的员工，在统一的规范要求下开展经营，为游客提供服务，保证了服务质量和品质，为游客带来了极佳的旅游感受。

　　根据 Tripadvisor 统计数据显示，旅游在线网站上游客点评的差评率每降低 0.1 分，酒店预定订单会提高 3％。古北水镇通过不断提高网络游客满意度和口碑影响力来提高整个品牌的知名度。通过对携程、途牛、驴妈妈、美团等 10 多个渠道的游客点评分析数据可知，古北水镇开业第一年，网络口碑影响力很弱，在各大渠道上的口碑总量只有 403 条，游客满意度也不理想；而到了第二年，网络口碑影响力迅速扩大，口碑影响力提高了 6.2 倍，游客满意度也提高了近 10 个百分点；第三年，在保持游客满意度稳定提高的同时，快速扩大口碑影响力，2016年网络口碑影响力是 2015 年的 3.1 倍。

此外，古北水镇的微信公众号阅读量也从 2014 年平均每篇200 左右上升到 2016 年的平均每篇 3 000，点击率上升了 15 倍。可见，古北水镇通过网络传播的方式形成了较好的游客口碑传播，这对于营收增长起到了较强的正面促进作用。

古北水镇坚持核心服务理念，提升游客满意度，始终践行"将最大的善意释放给每一位游客"这一核心服务理念，一方面坚持每周宾客意见收集制度，公司管理人员及高层领导批复整改；另一方面，景区在对客服务上，充分考虑游客在景区内的参与度、感受度、体验度，以此不断提升游客满意度和口碑。

六、成立统一运营管理的公司

古北水镇项目总投资超过 40 亿元，面对如此巨大的资金需求，投资方采用成熟的市场化资本运作方式，由中青旅控股股份有限公司、乌镇旅游股份有限公司、北京能源投资（集团）有限公司和其他战略投资者共同成立北京古北水镇旅游有限公司，按比例共同出资持股，承担古北水镇的开发和建设，确保了项目开发建设所需的巨额资金。

从数据可以看出，古水北镇项目的建设运营团队、国有资本、战略投资人持股比例均为 15％～20％，能很好地平衡项目管理团队与资方的利益关系。伴随古北水镇开发的深入，原有股东保持稳定并不断增资，又有新股东踊跃加入，古北水镇这处优质资产得到了市场上各类资本的一致追逐。此外，古北水镇投资方还与知名地产商开发龙湖地产，借助古北水镇巨大的游客量和消费能力，共同开发打造区域内唯一的房地产项目——长城源著，力求通过地产开发资金的快速回流，实现资金的平衡。

当然，作为北京市"十二五"规划的重点旅游建设项目，古北水镇的开发得到了当地政府的大力支持，除 2012 年获得密云县政府 4 100 万元的基建补贴外，更是在道路交通、征地拆迁、水电供暖等方面获得当地政府的支持帮助。实际上，景区除了文物部分的内容归政府管理外，大部分项目的营收归公司所有，由公司统一运营管理。运营公司除通过招拍挂形式取得 1 000 多亩*土地外，原有古镇采用租赁模式运营，降低了重资产投入的规模，提高了投资回报率。

古镇中新建的酒店采用自持模式，其他商业物业自营，将计入利润表的收入规模尽可能做大，便于未来持续融资。通过运营公司的统一运营管理，实现了古北水镇全域范围内的资源统一调度、区域综合管控、产品统筹营销、服务全面提升，形成了一个多渠道、长短期现金流互补的盈利模式。

作为一个新建的旅游小镇，古北水镇以独有的"长城观光、北方水乡"为核心卖点，历经四年精心打造，充分借鉴浙江乌镇的运营管理模式，并最终取得成功，这对当前国内"古镇打造热""旅游小镇热"具有一定的借鉴意义。事实证明，古北水镇的成功并非偶然，是该项目区位、业态、管理、保障等多种因素的综合结果，现对其成功因素进行简要分析总结，供各位旅游同行交流探讨。

资料来源：佚名. 古北水镇如何从一个无名的小镇成为当今的爆款？[J]. 公关世界，2017 (17)：92 - 95.

▶ 案例分析：

1. 以古北水镇为代表的特色旅游小镇应该具备怎样的基础条件？

2. 古北水镇成功的关键因素有哪些？

---

* 亩为非法定计量单位，1 亩≈667 米²。——编者注

第二章 CHAPTER 2

乡村旅游创新要素分析

近年来，在国家政策支持、地方经济驱动、市场需求拉动的共同作用下，我国乡村旅游迅猛发展，各地纷纷大打"乡村旅游牌"。乡村旅游已经成为我国旅游业的重要组成部分，在推动农村社会经济发展、解决"三农"问题和统筹城乡发展等方面发挥着重要作用。但是，我们不能忽视的是，虽然我国乡村旅游发展初具规模，但仍普遍存在发展模式简单粗放、产品同质化竞争、经营方式落后、企业竞争力弱等问题，严重制约着产业健康、可持续发展。乡村旅游存在的诸多问题显示，旅游者的需求在逐步向多层次、高品位方向发展，由于当前大多数地区的乡村旅游供给仅限于较为初级的阶段，大大限制了乡村旅游资源向可见收益之间的转化，同时也影响了乡村旅游进一步优化升级和向更高层次的发展。目前乡村旅游的这种供需矛盾之所以会产生，与我国乡村社区建设较差、经济发展较为落后不无关系，但主要原因是旅游产品供给与旅游市场需求之间存在信息不对称，旅游地的开发建设缺乏创新理论引导，与游客的需求期望存在错位和断层。

要解决乡村旅游产品供给与市场需求之间的矛盾，就必须把乡村旅游的创新开发建立在游客需求的基础上，对当前和未来游客的多样化、多角度需求进行深入了解和分析，站在游客需求的角度对乡村旅游提出建设建议，以顾客感知价值等理论对乡村旅游进行优化提升，缓解甚至消除旅游供给和旅游需求之间的信息不对称现象，提高游客对乡村旅游活动的满意度和忠诚度。

第一节 乡村旅游创新理论

一、熊彼特创新理论的内涵

1912年，美籍奥地利经济学家约瑟夫·熊彼特在其代表著作《经济发展理论》中赋予"创新"经济内涵并奠定了现代创新理论基础。熊彼特认为，创新就是建立一种新的生产函数，是企业家对生产要素的重新组合，即把一种从来没有过的生产要素和生产条件的新组合引入生产体系，从而形成一种新的生产能力，以获取潜在利润。关于"创新"的内容，熊彼特从总体上归纳了5种创新：①采用一种新产品或一种产品的新特征；②采用一种新的生产方法；③开辟一个新市场；④掠取、控制原材料或半制成品的一种新的供应来源；⑤实现任何一种工业的新的组织。因此，熊彼特提出的"创新"不是一个技术概念，而是一个经济概念，它严格区别于技术发明，把现成的技术革新引入经济组织，形成新的经济能力。

二、旅游地生命周期理论

旅游地生命周期理论是地理学派在旅游研究领域的重要贡献之一，以描述旅游地的演进过程为核心。"生命周期"一词引自生物学理论专业术语，用以描述生物体从发现、发展直至消亡的整个过程。学术界一般认为旅游地生命周期理论最早是由克里斯特（W. Christaller）在1963年研究欧洲旅游业发展时提出的，他认为"旅游地都会经历一个相对一致的演进过程：发现、成长与衰落阶段"。1980年，加拿大学者巴特勒（Butler）对旅游地的复杂演变进行了细致的描述和分析，至今仍得到学术界的广泛认可并应用。

巴特勒提出："旅游地的发展变迁一般要经历6个阶段，即探索（exploration）、起步（involvement）、发展（development）、稳固（consolidation）、停滞（stagnation）、衰落（decline）或复兴（rejuvenation），而经过复兴后又开始重复之前几个演变阶段。"巴特勒在描述该理论的6个阶段时引入一条S形曲线（图2-1）：

①起初，若游客接待量呈不规则增长趋势则为探索期；②当游客接待进入持续增长且增长率稳定上升，则为起步阶段；③当增长率进入高速持续的增长状态，旅游地处于发展阶段；④旅游地接待量增长率下降，且增幅逐渐下降但仍相对稳定，则处于稳固阶段；⑤当增长率保持稳定，且增幅持续波动则处于停滞阶段；⑥当增长率呈现持续多年的负数，则旅游地开始进入衰落或复苏阶段。应通过理论运用明确旅游地所处的发展阶段，了解该阶段的发展限制因素、所具有的指示性特征和事件，通过人为调整、干预来科学地延长旅游地生命周期。

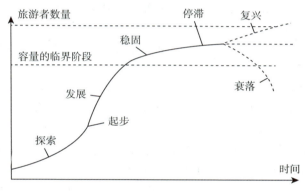

图 2-1　旅游地生命周期

三、可持续发展理论研究

"可持续发展"的概念最早是在《世界自然保护战略：为了可持续发展，保护生存的资源》一书中被提及的，当前国际上普遍认可。1992 年，在联合国国际环境与发展大会上提出了"可持续发展"的定义，即"既满足当代人的需要，又不损害后代人满足其需要能力的发展"。可持续发展的核心是发展，基本属性是环境可持续性、经济可持续性和社会可持续性，只有将经济效益建立在社会公平、环境和谐的基础之上，才能实现全面的可持续发展。

与传统的工业发展模式相比，旅游业在发展之初所呈现的经济发展模式具有环境友好的突出特点，然而随着旅游产业规模的扩大、速度的增快，它对环境、经济、社会方面的负面影响越来越凸显，亟须旅游相关利益者直面、警惕并高度重视。目前，国际上有两个影响较为广泛的对于旅游可持续发展的定义，一是 1993 年世界旅游组织提出的定义："旅游可持续发展指在维持文化完整、保护生态环境的前提下，满足人们日益增长的经济、社会和审美要求。它既能为今天的主人和客人提供生计，又能促进与保护后代人的利益并为其提供同样的机会。"该定义明确了旅游业发展目标，并确立了"主人"与"客人"区际公平发展的理念。二是 1995 年在西班牙召开的"可持续旅游发展世界会议"通过了《可持续旅游发展宪章》和《可持续旅游发展行动计划》，提出旅游可持续发展的本质是将旅游与自然、文化和人类生存环境看作一个整体。

旅游可持续发展需要遵循可持续发展的普适性原则，将可持续发展理念延伸到旅游产业，这是促进旅游业趋于理想状态发展的指导标准，可有效规范与限制旅游开发等相关行为，也是旅游产业理想目标的基础与保障。

旅游可持续发展强调代与代之间的公平，强调资源和环境的保护，也强调在保护的基础上发展旅游经济。其目标主要体现在：①进行旅游供给侧改革，保证高质量的游客体验和高水平的游客满意度；②保护资源环境以维持旅游吸引力，提升旅游地的综合竞争能力，并体现资源的代际公平性；③以旅游开发带动地方经济的发展，平衡现实需求与长远目标，提高居民福祉，体现旅游发展的公平与公正性。

四、旅游动机理论与形成过程

心理学家们提出了不同的动机理论，其中，旅游研究领域较多应用的是旅游驱力理论和期待价值理论。驱力理论认为，当机体缺乏某种东西时，对这种东西的欲望会驱使机体产生非选择行为，即内在需要产生驱力。内在驱力的强弱与机体缺乏程度成正比，缺乏程度越强，内在驱力越强，驱力引发行为来满足内在缺乏，从而减缓驱力。期待价值理论则认为个体对达到目标的心理期待会激发行动，进而达成目标满足期待，期待×价值公式可预测个体行为。在这两个理论中，前者强调经验和学习的作用，具有情感性，认为行为受需要驱使，是被动选择的；后者是前向和期待的，具有认知性，而行动是主动选择的。

乡村旅游中的游客旅游动机具有复合性，国内外很多学者都对其进行了实证分析和探究总结。游客旅游动机可以分为心理动机、自然环境动机、文化教育动机、社交动机4种。

1. 心理动机 心理动机是乡村旅游游客旅游动机的基础，是游客选择旅行方式的内部驱动力。心理动机分为娱乐放松、自我实现和自我发展，放松减压是最主要的心理动机。城市人迫切需要贴近自然，寻找放松的桃花源，成为乡村旅游的主要心理。乡村旅游异于现代城市的生态环境可以带给游客愉悦的感受，而很多游客选择乡村旅游的原因也是可以通过乡村旅游达到逃离喧嚣、摆脱都市、置身世外桃源的作用。

有些游客追求更高层次的自我实现。他们在乡村旅游活动中通过观赏田园美景、体验乡村生活等方式享受自我，在质朴的生态环境和生活方式中寻找满足感和踏实感，在不同的生活状态下求证和审视自身的生活方式与地位。

自身发展也是乡村旅游的重要动机。乡村旅游活动中与都市生活完全不同的环境特征和生活体验能够带给游客新奇刺激的感受，游客在与往日迥然不同的乡村生活和乡村文化环境中，可以达到扩展视野、避免狭隘的目的。

2. 自然环境动机 见惯了工业化、现代化的千篇一律和全是钢筋水泥的高楼大厦景观，人们迫切需要拥抱自然、亲近自然，欣赏自然田园风光和青山绿水的美丽景色，享受原始乡村所带来的宁静祥和和自由自在的环境，享受大自然馈赠的原始生活环境和美丽景色。

3. 文化教育动机 文化教育方面的动机是指游客通过旅游活动了解乡村民俗文化，开阔自身视野，享受村民淳朴的服务及体验乡村生活方式、农事活动和乡村景观。乡村独特的文化资源和文化内涵也是游客重要的旅游动机，游客们通过观赏乡村美景、参与乡村农事活动、欣赏乡村民俗节庆等方式亲身体验乡村生活，深入了解乡村文化和内涵，扩展视野。带孩子的家庭选择乡村旅游的方式来对孩子进行乡村生活体验教育，以户外实践活动的方式增加孩子的生活体验，增强孩子的适应能力和自理能力，引导孩子养成勤俭节约的生活习惯。

4. 社交动机 社交动机在乡村旅游活动中表现出一定的矛盾性。有些游客选择与家人、亲友共同进行乡村旅游活动，以此增进彼此之间的感情，促进家庭氛围的融洽，消除由于日常忙碌的工作以及互联网社交而引发的隔阂等；而有些游客选择乡村旅游是为了逃离社交，摆脱日常需要维系的人际关系，找回自己的空间，为自己充电。但无论如何，社交动机都是游客旅游动机的重要部分。

第二节　乡村旅游创新要素

基于熊彼特创新理论，结合乡村旅游的特质，可以提炼出乡村旅游创新的 5 个关键要素：①产品创新，通过改善或创造乡村旅游产品与服务，更好地满足旅游者需求；②经营创新，通过引用新的技术、新的生产方法、新的经营模式，提高乡村旅游的经济效益；③市场创新，通过挖掘尚未满足的潜在市场需求，开辟新市场；④供应链创新，通过控制旅游供应链的批发商、零售商环节，提高交易效率；⑤组织创新，通过改善或创造乡村旅游企业的组织结构与管理制度，使企业更加高效。这 5 个要素是乡村旅游创新发展最基本、最重要的源泉。

乡村旅游创新的 5 个要素在创新过程中并不是孤立的，而是相辅相成、相互影响的，某一要素的变化会影响其他要素的变化。每个关键要素包含不同的选择路径：在产品创新维度，有内容创新、形式创新、功能创新、价值创新等路径；在经营创新维度，有"飞地化"经营模式、农户自主开发模式、政府公有化模式、参与式开发模式（包括"农户＋农户模式""公司＋农户模式""政府＋农户模式""公司＋社区＋农户模式""政府＋公司＋农户模式""政府＋公司＋社区＋旅行社模式"）等路径；在市场创新维度，有旅游市场多元化（食、住、行、游、购、娱）、相关多元化（农林牧渔市场、文化艺术市场、信息咨询服务市场、商贸零售市场、其他社会服务市场）、无关多元化等市场发展创新路径；在供应链创新维度，有供应链纵向一体化、供应链横向一体化、供应链网络化等创新路径；在组织创新维度，有单体企业、连锁企业集团、松散型联合体、产业集群等创新发展路径。

一、乡村旅游产品创新

　　产品创新是乡村旅游企业发展的核心内容。乡村旅游产品和其他旅游产品一样，其核心内容都包括吃、住、行、游、购、娱6个要素，对其全部或部分的创新都可以给来访的游客带来新鲜的体验。以餐饮产品的创新为例，可以从餐饮原料上进行创新，如北京延庆柳沟村的豆腐宴和平谷区西柏店村的菊花宴（图2-2）；从餐饮环境上进行创新，如黑暗主题餐厅、知青餐厅（图2-3）、香草餐厅等；从服务人员的素质和水平上进行创新，如闻名全国、吸引百盛等国际知名餐饮公司参观学习的海底捞餐厅，其优质的服务让人称道；从菜肴的主题上也可以进行创新，可以与历史文化结合，如北京昌平正德春饼宴。

图2-2　食用菊花

图 2-3　知青主题餐厅

二、乡村旅游经营创新

目前，我国大多数地区的乡村旅游经营模式以农户自主经营和业主投资经营为主，其中农户自主经营占绝大比例，导致乡村旅游规模小、实力弱，经营管理相对落后。因此，在经营模式方面，乡村旅游地应充分整合政府、企业、个体业主、社区、农户以及其他社会资源，构建多层次、多形式的合作经营体系。在乡村旅游比较发达的地区，如北、上、广、深等地周边，可由政府引导实力强的乡村旅游企业运用资本运营手段进行强强联合，灵活采用特许经营、委托管理、租赁经营等多种经营方式，培育一批规模大、实力雄厚、经营管理水平高的乡村旅游企业集团，如唐乡连锁民宿。在乡村旅游欠发达的地区，需要由政府主导乡村旅游跨越式发展，政府充分运用行政、市场手段整合各种社会资源，根据实际情况选择政府投资开发经营模式、"政府＋公司"经营模式、"政府＋公司＋社区"经营模式、"政府＋社区＋农户"经营模式等开发乡村旅游。例如在 2014 年，贵州将丹寨县确认为扶贫目标后，联合万达集团首创"企业包县、整县脱贫"扶贫模式，成立专项扶贫基金，打造丹寨万达小镇，并建立职业技术学院，积极探索旅游拉动经济、实现脱贫致富的新路子。在乡村旅游中度发达的地区，乡村旅游发展以市场调节为主、行政调节为辅，实行"公司＋农户""股份合作制企业＋社区＋农户""村集体经济体＋农户""农户＋农户"等经营模式。

🔍 **案例 2 - 1**

"有心扶贫，无意之作"的小镇

2014 年年底，为响应国家"精准扶贫"大势，万达与国家级贫困县丹寨签下了 10 亿元的包县扶贫协议——《万达集团对口帮扶丹寨整县脱贫行动协议》。（注：2014 年是中国精准扶贫开局年。2014 年 8 月，国务院决定从 2014 年起，将每年 10 月 17 日设立为"扶贫日"。此前，国务院扶贫开发领导小组办公室公布了 592 个国家扶贫开发工作重点县名单，这份名单里，贵州占据了 50 个，本案的丹寨就是其中之一）

随即，万达成立了由集团高级副总裁牵头的扶贫领导小组，从全国各地抽调 151 人组成精干队伍入驻丹寨，负责帮扶项目的具体落实。经历整整 1 年的考察调研，调研报告做了 70 余份，推翻了养猪、卖米、种茶等盈利预期并不乐观的传统农业项目，最终确定增资至 15 亿元，以旅游扶贫为主攻方向，"教育、产业、基金"并举，打造国内首个"企业包县，整体扶贫"范本项目。万达设计的产业扶贫总战略是构筑"教育治本、产业引血、基金兜底"的长、中、短期兼顾的全新的旅游扶贫路径。

具体扶贫方案为：出资 3 亿元捐建万达职业技术学院，出资 7 亿元捐建一座旅游小镇（一期开园时实际投资 8 亿元），成立 5 亿元的丹寨扶贫专项基金。

贵州万达职业技术学院即为上文所述的长期项目，学院实际投资 3 亿元，建筑面积 5 万米^2，可容纳 2 000 名学生，每年计划招收当地学生700人。同时，万达集团每年从学院毕业生中择优录取50％进入万达工作。扶贫之长线工作，即为通过教育提高丹寨人口素质，从根本上阻断贫困发生路径。

中期项目指的是捐建丹寨万达旅游小镇，项目投资7亿元，旨在通过旅游产业带动全县经济发展，增加大量就业岗位，带动当地群众主动参与旅游生产经营，实现脱贫致富。

短期项目是指万达投入5亿元成立的丹寨扶贫专项基金，一期扶持5年，基金每年收益5 000万元用于丹寨兜底扶贫，旨在覆盖那些所有产业扶贫阳光照射不到的群体，分配给丹寨县特殊困难人群。首期5 000万元扶贫基金收益已发放到丹寨县3.83万特殊困难人群和贫困户手中，当年使丹寨贫困人口人均收入超过国家贫困线。

丹寨万达小镇是此次万达丹寨扶贫项目的核心。小镇选址贵州省丹寨县核心位置东湖湖畔，占地面积400亩，建筑面积约5万米^2，全长1.5千米，是一座以苗族、侗族传统建筑风格为基础，以非物质文化遗产、苗侗少数民族文化为内核，集"吃、住、行、游、购、娱、教"为一体的民族风情小镇（图2-4）。

图2-4　丹寨小镇风光

小镇于2016年5月1日开工建设，2017年7月3日正式运营，开业仅仅 40 天，游客量即突破了 100 万人次大关，历史单日游客量最高达 7.9 万人次。

到 2018 年 7 月 3 日丹寨万达小镇开业一周年庆时，小镇全年累计接待游客 550 万人次，是 2016 年丹寨全县游客数量的 600%；丹寨县旅游综合收入达 24.3 亿元，是 2016 年全县旅游综合收入的 443%；直接创造近 2 000 人就业，带动全县 1.6 万名贫困人口实现增收。

8 亿元的投资，1 年游客量破 550 万人次大关，比起万达此前众多动辄几十亿、上百亿的文旅项目，丹寨小镇创造了万达文旅项目史上首个"投资少见效快"的奇迹（图 2-5）。

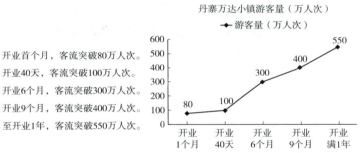

开业首个月，客流突破80万人次。
开业40天，客流突破100万人次。
开业6个月，客流突破300万人次。
开业9个月，客流突破400万人次。
至开业1年，客流突破550万人次。

图 2-5 丹寨万达小镇游客量发展趋势
资料来源：整理自万达集团官网。

三、乡村旅游市场创新

（一）地理区域市场创新

根据空间距离的远近，可将乡村旅游市场划分为三类。一级市场为本地旅游市场，二级市场为周边省市旅游市场，三级市场为国内其他省市旅游市场和境外旅游市场。一级市场重点开拓银发市场、学生市场、会议市场、家庭市场等，以及区县的潜在乡村旅游市场。在开拓二级市场方面，可通过加强营销宣传、区域"互送客源"、旅游企业合作等措施招徕周边省市的旅游者，如河北白石山景区积极开拓北京和天津的市场。在开拓三级市场方面，各乡村旅游地应该利用地缘优势，通过将乡村旅游与所在地区知名旅游产品捆绑营销的方式，逐渐提高其在国内和境外旅游市场的知晓度与美誉度，扩大市场销售，如成都周边以黄龙溪为代表的十大古镇积极与市区著名景区联合营销，组合成旅游线路推向国内外市场（图2-6）。

图2-6　成都市黄龙溪古镇

（二）营销技术创新

1. 积极创新乡村旅游"智慧营销"模式　利用当前移动互联网所具有的深度产业融合能力、极强的创新能力和咨询信息丰富性的特征，对消费者的消费行为产生积极深远的影响。积极利用多元化的移动互联网资源，立足于新一代移动网络信息技术，实现旅游资源在信息领域内的高度共享、快速传播、集约服务和管理变革，为广大消费者提供品质更高、服务更周的信息服务。

2. 精准市场定位，积极创新移动互联网营销模式　当前，在创新乡村旅游营销策略和利用移动互联网的过程中，最为重要的一个问题在于市场定位不精准、互联网营销意识不到位。在移动互联网环境下，乡村旅游营销模式的创新必须紧跟时代发展，从当前消费市场的实际需求出发，积极探索、大胆作为、不断创新。综合运用搜索引擎营销、电子邮件营销、专门旅游门户网站论坛营销、消费者口碑营销以及社会网络营销等现代化的移动互联网营销模式。除此之外，乡村旅游创新营销模式还必须要真正站在消费者的立场上，建立更加人性化的营销模式，充分利用现代化的全新社交平台，如微信、抖音、微博等，不断创新方式方法，提升乡村旅游的品牌效应，更好地满足和配合旅游消费者对乡村旅游特殊的网络心理需求和实际的旅游服务需求。

3. 积极创新乡村旅游营销观念和思想理念，坚持与时俱进 乡村旅游模式创新必须要摒弃传统条件下单一固化的网络营销思想束缚，紧跟时代变化和市场需求，积极更新观念，创新营销策略。要做充分的市场调研，尤其是对消费者的移动互联网平台使用频率、移动终端使用类型、互联网旅游消费订单成交量以及消费者潜在的市场需求等相关信息做充分而全面的了解。只有确保营销观念与现阶段乡村旅游市场的需求完全吻合，才能使营销理念和营销模式真正满足消费者对乡村旅游消费的现实需求。同时，要积极做好消费者的消费心理调研，注重在营销策略创新过程中融入体验性消费理念，注重将可持续发展的绿色环保理念渗透运用到网络营销中去，积极协调好消费者与乡村生态环境之间的和谐共存。例如，在短视频网站快速发展的今天，陕西省雨岔大峡谷凭借独特的地貌迅速成为网红景点（图 2-7）。

图 2-7 网红景点——陕西雨岔大峡谷

四、乡村旅游供应链创新路径

在供应链创新方面，乡村旅游应重点打造供应链网络平台，即基于计算机技术和互联网技术，构建多元主体组成的动态开放式柔性网络平台。多元主体包括为乡村旅游提供各种设施设备、产品与服务的供应商，如电器设备供应商、家具供应商、农副产品供应商、餐饮半成品供应商、旅游商品供应商、客房用品供应商、饭店洗涤服务供应商、管理咨询公司、营销宣传供应商等。创新供应链网络平台彻底改变了乡村旅游企业的竞争方式，乡村旅游企业只需专注经营核心业务，利用电子商务平台，以"业务外包"的方式将非核心业务剥离出来，如房间清洁和餐具清洗等服务，在降低交易成本、提高交易效率的条件下实现供应链的纵向一体化和横向一体化延伸（图2-8）。

图2-8　房间清洁服务外包

五、组织创新路径

针对乡村旅游企业"小、散、弱、差"的现状，乡村旅游企业应考虑创新连锁集团企业或松散型联合体。

1. 组建连锁乡村旅游企业集团　乡村旅游企业集团化是乡村旅游经济高级阶段的必然趋势。目前我国乡村旅游企业整体规模较小，单靠企业自身的内部积累来实现集团化发展速度太慢，而政府的行政驱动有助于加快乡村旅游企业的集团化进程。政府应出台税费、金融信贷、财政补助等优惠扶持政策，鼓励乡村旅游企业之间兼并收购、强强联合，组建乡村旅游企业集团。乡村旅游地应打破地方经济壁垒，引入外来旅游企业集团激活市场中的本土乡村旅游企业，借助其示范效应、"鲇鱼效应"，推动当地乡村旅游企业的集团化进程（图2-9，图2-10）。

2. 成立乡村旅游企业联合体　从产业链整合的角度出发，由行业协会牵头，将分散独立经营的乡村旅游企业联合起来，成立松散型的企业联合体。在联合体机制下，成员企业可以定期开展业务合作与经验交流，进行统一的市场开发和营销，共享预订网络、信息服务、集中采购和人员招聘与培训等，实现"1＋1＞2"的协同效应。联合体实行松散型的契约式管理，成员企业可通过对话与协商，减少分歧，增进合作。

图 2-9　花间堂连锁民宿

图 2-10　寒舍文旅集团

🔍 案例2-2

第四代乡村旅游的典型案例：唐乡

中国新村庄缔造及城乡统筹成为时下国家发展的重要议程，各界对休闲农业、村庄旅游的注重度不断提高。

　　我国乡村旅游经营最初只是分散的一家一户"农家乐"，后来陆续出现了"民俗游""村寨游""农庄游""渔家乐""洋家乐""乡村俱乐部""乡村度假社区"等多种业态，相继经历了"农家乐"乡村旅游，以民俗村、古镇等为代表的乡村旅游和乡村度假等阶段。

　　唐乡被称作是第四代乡村旅游"乡村生活"的先锋代表，是农民闲置宅基地、住宅资产化、市民度假需求相结合的产物（图2-11，图2-12）。

图2-11　唐乡规划图

图2-12　民居的重新利用

一、发展背景

　　新型城镇化，美丽乡村建设。

二、发展目标

在全球范围内，形成国际化、标准化、连锁化、品牌化、品质化、智慧化、规模化、分散化的乡村度假酒店服务体系。

1. 标准化管理　制定"唐乡"建设标准和服务标准，进行标准化管理。

2. 品牌化建设　注册"唐乡"商标，通过强力营销，使之迅速成为知名度假服务品牌。

三、运营

1. 选址

（1）农耕文明印记深刻的传统院落。院子、房屋外观保持完好的老瓦、老砖、老窗。

（2）初期选择。距离成熟风景区较近。

（3）硬性条件。与村委会、党支部合作，不直接与农民接触。

2. 建设

（1）整体风格。屋外差异化，屋内现代化。

（2）整体情调。浪漫小资。

（3）餐饮。每个小院设置独立的自助厨房，冰箱内有新鲜的食材，根据不同院落的风格独立设置烧烤区等。

（4）设立"唐乡"网站，详细介绍每一个乡村酒店。

（5）设立呼叫中心，通过网络、电话等接受预定。

3. 管理

（1）聘请当地农民，培训上岗。

（2）聘请有经验的人员为本地"农民员工"带来先进的管理、服务理念，并进行技能培训。

（3）公司和村子共同成立合作社，农民将自家的闲置房和土地出租给合作社。

　　唐乡的经营理念是在全国范围内通过租赁或收购的方式，对农民闲置住宅进行创新利用，为其注入全新休闲度假、养生养老等功能，盘活农民闲置资产，为市民提供全新的乡村生活设施和空间（图 2-13）。

图 2-13　农家小院

四、建设原则

　　本着农民闲置院落旅游功能化复活、农民闲置资产资本化注入和美丽乡村建设等原则进行建设，并在建成后负责这些酒店的经营、管理和客源市场等。依托原有的淳朴老瓦、老砖、老窗，外观保持完好的院子、房屋，在尊重传统建筑文化、保持原有建筑风格的前提下，针对都市人的度假生活需要，打造"外朴内秀"的乡村度假服务酒店。

　　同时，《唐乡建设和服务规范》要求，在传统村落、4A 级以上景区周边村落、美丽乡村等地区，选择闲置甚至废弃的传统院落，本着"修旧如旧，外朴内雅"的原则进行开发建设，实施"标准化、品牌化、品质化、国际化、连锁化、规模化"的运营管理，建设市民与农民共同创造的新型乡村社区，探索传统村落保护新途径、传统文化保护传承与创新模式、乡村旅游新业态以及破解农村空心化难题的新农村建设新方向。

不同于以往乡村旅游蜻蜓点水似的短时间体验，"唐乡"提供的是常住型和私人定制化的乡村度假服务，紧紧抓住乡村的文化要素，维护乡村的生产气息和生活气息。

资料来源：由一诺休闲农业规划整理编辑。

▶ 案例分析：

1. 以唐乡为代表的业态代表了乡村旅游发展创新的哪个方面？
2. 唐乡的成功给我国乡村旅游发展带来了哪些启示？

第三章 CHAPTER 3
乡村旅游规划创新研究

第一节　乡村旅游规划本土化及
特色化路径

一、当前乡村旅游规划存在的问题

乡土特色是乡村旅游吸引游客的根本原因，游客前往乡村旅游，主要目的就是在清新的乡村生态环境中观赏乡村别样的自然景观与乡土风貌，体验当地独特的民俗文化与农耕文化，感受原汁原味的乡土气息。因此，乡村性是乡村旅游发展必不可少的前提条件。乡村旅游规划与开发应立足于乡村自身的地域环境，以本土化的乡土特色为亮点，突出当地的特色优势产业，别出心裁地设计出与众不同又独具特色的乡村旅游产品，以满足游客寻求差异化、体验化的个性化需求。然而，在乡村旅游规划的实践操作中，由于种种原因，乡村旅游规划的本土化与特色化却与理论上的情况相差甚远，从而导致乡村旅游发展的无序竞争，带来了一系列的问题。

（一）乡村旅游规划的本土化特色丧失，文化内涵不足

乡村旅游自发展兴盛以来，我国不少地区立足于本地乡村特色和资源特点，把乡村旅游办得红红火火，如北京、上海、四川、浙江等地，这些地区的乡村旅游发展一直走在全国前列，其经营效益非常可观。于是，便有不少乡村旅游规划悄悄模仿起了这些乡村旅游发展较为成功的地区，然而，他们的模仿只是单纯借鉴这些地区的经营模式，甚至是不加修改地简单抄袭，而对本地区、本民族的

文化背景和文化内涵缺少深入的了解，以至于乡村旅游规划的本土化特色丧失，所设计的乡村旅游产品对游客的吸引力不大，出现了其他地区的发展经验在本地区难以完全适用的情况。例如，1997年被列入"世界文化遗产"的奥地利哈尔施塔特小镇（Hallstatt），依山伴湖，风景秀美，我国广东省惠州市花费 60 亿元完全复制了一座，但其对游客的吸引力并不大（图 3-1）。因此，在吸取乡村旅游发展先进地区成功经验的同时，还应把那些经验本地化，使之适应本地特色，只有这样才能设计出与众不同而又独具特色的乡村旅游产品，适应广大客源市场的需求。如北京爨底下村，就是一个比较成功的范例（图 3-2）。

图 3-1　完全被复制的中国"哈施塔特小镇"

图 3-2　北京爨底下村

（二）乡村旅游规划的城市化、人工化及商业化痕迹明显

一些乡村旅游景区在初期获得成功后，当地农村出于改善生活条件的需要，主观上缺乏对乡村旅游资源的保护，大兴土木，盖起西式别墅和洋楼，认为改善了居住条件就能吸引更多的游客，却忽略了乡村吸引城市居民的特性所在。目前许多乡村旅游景区设计的乡村旅游产品大多只是停留在表层，对乡土文化特色的挖掘不够深入，以致乡村旅游规划显得过于城市化、人工化及商业化。例如有的乡村旅游规划无视现有的乡村聚落景观，肆意拆迁改建，严重破坏了景区的乡野气氛和生态环境；有的乡村旅游规划只强调人造现代景观，忽视了对现有农舍、乡村闲置建筑物的改造与利用；有的乡村旅游规划策划了歌舞、曲艺、婚庆等乡村民俗表演活动，但对于乡土文化特色内涵挖掘不够，以至于在实际执行的过程中很容易导致商业化运作，与游客期待中的原汁原味的民俗风情大相径庭。这样的规划不仅没能有效保护乡土文化和乡村景观的固有氛围，反而使得原本就脆弱的乡村生态系统更加不堪一击，带来了更多的生态环境保护问题。相反，如果乡村旅游规划能够对当地的乡村聚落景观、乡土文化特色、民风民俗活动等进行深入研究和挖掘，还原当地古朴风趣的农居生活，乡村旅游就能保持其独特的魅力（图3-3，图3-4）。

图3-3　新疆禾木村

图 3-4　河北乡村旅游景区的少数民族表演

（三）乡村旅游规划的模式化现象严重，缺乏特色和亮点

乡村旅游规划是一项复杂的工作，需要规划人员既了解乡村文化又懂得旅游发展。许多规划人员对乡村旅游规划没有自己独特的见解，只能借鉴和抄袭其他相似旅游景区的规划，以至于出现规划模式化现象。例如，有些乡村旅游规划的总体思路和设计理念雷同，景观设计手法趋于一致，项目的设计也大同小异，甚至有些规划连旅游市场的定位、旅游产品的类型、旅游设施的配套等都比较相似。这种模式化的乡村旅游规划完全无视乡土景观的珍稀性，直接造成不同地域乡村旅游景观的趋同，使得原本多样而又富有特色的乡土景观因为可替代旅游产品的增多而变得一文不值。同时，这种模式化的乡村旅游规划也直接导致了乡村旅游的低层次开发，使得乡村旅游产品特色不突出，产品同质化现象严重，阻碍了乡村旅游的可持续发展。

二、乡村旅游规划内容研究

乡村旅游发展规划的内容体系是为乡村旅游发展规划的功能和目的服务的，乡村旅游发展规划主体功能的有效发挥及乡村旅游地所有要素的协调发展都与之密切相关，因此，规划内容必须体现出较强的战略性、前瞻性和综合性。

随着人们对发展规划认识的不断深入，旅游发展规划的内容也在不断更新。乡村旅游发展规划应在遵循旅游规划通则对旅游发展规划要求的基础上，融入乡村旅游的特殊内涵和要求，创新思路，建立乡村旅游发展规划独特的规划内容体系。

（一）基础内容分析研究

1. 发展背景与环境分析　在进行乡村旅游发展规划编制时，必须对规划地乡村旅游发展背景进行了解和分析。主要应从宏观的角度入手，对规划地的规划背景、区域环境、业界环境现状等层面的内容进行分析；综合国内外对乡村旅游发展阶段的研究，界定规划地乡村旅游发展的阶段；分析当地乡村旅游发展规划与上位文件、上位规划、平行规划的联系，对上位文件进行充分解读，各规划之间相互体现、相互印证；对国内外成功乡村旅游地进行解读，深入分析其发展成功的经验和教训，以便为规划地乡村旅游的发展提供更广阔的思路。

（1）规划编制背景分析。规划地提出做当地乡村旅游发展规划的原因有很多，可能是上级的行政指令，可能是为了满足旅游扶贫需要，但最有可能的是当地乡村旅游发展迅猛，需要一个宏观的发展规划来指导当地乡村旅游的发展。规划编制背景主要是从宏观的角度分析为什么规划地要做乡村旅游发展规划。

（2）业界环境分析。业界环境分析指对乡村旅游的发展环境进行系统分析，主要是对从国际、国内到区域、规划地的乡村旅游发展做出总结性概括及简要分析，以达到了解国内外乡村旅游发展情况的目的。实践证明，乡村旅游发展规划必须站在较高的层次上来审视规划地乡村旅游发展的问题，因此只有系统分析国内外乡村旅游发展态势，才能真正实现规划的合理性与科学性。

（3）相关规划解读。单个乡村规划不能脱离其所在大区域的总体规划独立行事，因此应对上位规划、上位文件进行解读，从中找出有利于当地乡村旅游发展的指导性意见及优惠政策，同时对同级相关产业规划进行解读，充分考虑相关产业对乡村旅游发展的支持和制约条件，作为规划的原则和依据（图3-5）。

2. 乡村旅游发展问题诊断研究　近年来，国内乡村旅游在经历了快速发展阶段之后遇到了发展瓶颈，应对乡村旅游地发展中存

图 3-5　乡村旅游景区规划

在的问题进行深入剖析，以便为乡村旅游的发展提供更具有针对性的规划和更好的对策建议。

（1）乡村旅游产业问题诊断研究。乡村旅游产业发展是指乡村旅游产业产生、成长和进化的过程，乡村旅游产业发展问题诊断主要应从乡村旅游产品的开发、乡村旅游上下游产业的合作以及核心乡村旅游企业对产业的带动等方面进行研究，确保对乡村旅游产业发展问题诊断得清晰明了。

（2）乡村旅游基础与配套设施建设问题诊断研究。乡村旅游基础与配套设施是乡村旅游发展的基础，主要包括道路交通、水电、环保、消防等方面，应从宏观（规划地地域范围）和微观（乡村旅游点）两个不同的角度对规划地乡村旅游的基础与配套设施建设问题进行诊断，以便能够更准确地分析出制约当地乡村旅游基础与配套设施建设问题的根源。

（3）乡村旅游服务与经营管理问题诊断研究。由于乡村发展"空心化"问题的普遍存在，导致旅游从业者文化程度不高、劳动技能相对单一、年龄结构偏大，政府、协会等管理机构监管欠缺、服务理念淡薄，乡村旅游服务与经营管理问题一直是乡村旅游发展的"老大难"问题。应从政策监管、管理意识、经营模式、服务标准等方面对该问题进行诊断，以便提出更好的对策，提高乡村旅游服务与经营管理意识。

（4）乡村旅游产品开发问题诊断研究。乡村旅游产品是乡村旅游的核心内容，能否成功地开发乡村旅游产品直接关系着游客的感官、体验性和参与度。乡村旅游地的旅游产品开发问题诊断也应从宏观（规划地地域范围）和微观（乡村旅游点）两个方面来进行，以便为规划地未来乡村旅游产品的开发明确方向（图3-6）。

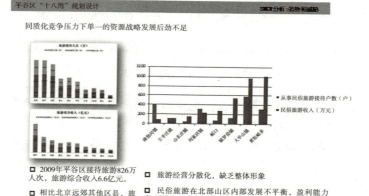

图3-6　景区情况分析

3. 乡村旅游资源研究　乡村旅游资源是指在乡村地域范围内产生旅游引力，并满足旅游需求的乡村事物、活动、乡村文化、乡村民俗、口头传说、民间艺术等资源。乡村旅游资源的数量、类型、品位、地方性等要素构成了乡村旅游资源的主要特征。对乡村旅游资源进行评价是为了确定乡村旅游资源的开发价值与开发顺序等。

（1）乡村旅游资源分类研究。由于我国还没有"乡村旅游资源分类"的国家标准，因此目前乡村旅游发展规划中的乡村旅游资源分类方法并未统一，主要有以下两种方法：

①根据全国旅游标准化技术委员会发布的《旅游资源分类、调

查与评价》（GB/T 18972—2003）进行划分。

②依据王云才在《乡村旅游规划原理与方法》中的论述，将乡村旅游资源分为乡村环境与地文景观、乡村水域风光、乡村生物景观、自然景象、乡村历史遗址和遗迹、乡村建筑设施与乡村聚落文化、乡村旅游商品与传统工艺、乡村人文活动与民俗活动、乡村景观意境旅游资源 9 个大类、51 个亚类和 266 个基本类型。

（2）乡村旅游资源评价。乡村旅游发展规划中的乡村旅游资源评价是对较大范围内的乡村旅游资源进行的评价，由于资源点众多，不便将资源点单列进行评价和开展定量评价，但依据乡村旅游资源点的类型和空间分布，可总结出区域乡村旅游资源的空间特征，并对乡村旅游资源进行总体定性评价。乡村旅游资源类型组合主要评价乡村旅游区内旅游资源类型决定的资源多样化特征和差异化程度；集中与分散格局主要评价乡村旅游资源的空间集中分布和分散分布特征，确定游客在乡村空间上可能的流动格局和模式。集中的格局有利于形成聚集，以增强旅游的吸引力；分散的格局有利于扩展乡村旅游的有效空间，延长乡村旅游时间效应，但往往会降低乡村旅游的吸引力（图 3-7）。

图 3-7　景区资源评价

4. 乡村旅游市场分析

（1）乡村旅游市场现状分析。乡村旅游市场现状分析是指利用调查统计等分析方法对国内外乡村旅游市场的相关信息（如经济发展状况、社会发展状况、乡村旅游市场偏好、出行方式、出行时间等）进行调查和分析，为规划地乡村旅游的发展提供参考，形成对规划地乡村旅游发展外部环境的准确认识，并通过对规划地乡村旅游市场现状的分析，了解当地乡村旅游市场的优势旅游产品与较匮乏的旅游产品及其他乡村旅游市场信息，总结规划地乡村旅游市场未来的发展需求。

（2）乡村旅游市场发展趋势分析。要想使当地的乡村旅游产品有一个较长的生命周期，以便获得更大的经济效益，就必须要认真研究乡村旅游市场发展趋势。在总结乡村旅游市场发展趋势的同时，借鉴国内外乡村旅游发展更为先进地区的市场特征，并结合当地乡村旅游市场特征及游客喜好，总结出当地的乡村旅游市场发展趋势。

（3）乡村旅游未来市场规模分析。乡村旅游市场规模通常指乡村旅游目的地在某一年度所接待的游客人次数或经济消费总量。对乡村旅游客源人数进行较为准确的预测可以确定区域乡村旅游开发与规划的规模，具有重要的指导意义（图3-8）。

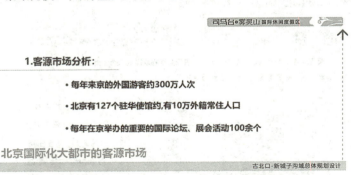

图3-8　景区市场分析

（二）战略运筹与开发布局内容研究

1. 发展战略与定位研究

（1）指导思想分析。指导思想是指导规划地乡村旅游发展的提纲挈领的内容，是规划地达到一定时段内区域乡村旅游发展总目标的宏观路径设想。乡村旅游发展规划中的指导思想应以市场经济战略思想为依据，融入可持续发展思想、生态发展思想和动态发展思想，制定既符合规划地乡村旅游健康、可持续发展，又适合广大乡村旅游者旅游需求的战略思想。具体内容应包括：①以什么为统领——国家和规划地政府关于旅游和乡村旅游的方针政策、重大发展战略；②以什么为立足点——规划地地域特征总结和地域发展理念；③以什么为发展思路；④以什么为发展特色；⑤以什么为主要工作内容；⑥以什么为目的。

（2）基本原则研究。乡村旅游是一种近年来开始逐步流行的以乡村性为核心吸引物的旅游方式，乡村旅游发展规划则是一项具有较强科学技术含量的对较大地域范围的乡村旅游未来发展的研究，其基本原则更多地从偏宏观的视角和比指导思想略低的角度来探讨乡村旅游的发展方向，因此，乡村旅游发展规划必须要在一定的原则指导下，开展充分论证并进行科学规划设计。规划地乡村旅游发展的基本原则也应该按照当地乡村旅游发展的具体情况，经过规划编制人员分析得出。

（3）乡村旅游发展目标研究。在为规划地的乡村旅游发展设定发展目标时，首先需要将规划地乡村旅游发展的最终目标搞清楚，也就是区域乡村旅游发展的总目标是什么。乡村旅游发展的总目标应该是在总结规划地乡村旅游特征的基础上，分析当地乡村旅游的文化脉络和自然脉络，提炼出规划地乡村旅游发展较为宏观的发展总体目标。为了达到总体目标，同时吸引更多的游客，规划地乡村旅游在发展过程中也应该多争取国家设定的一些与乡村旅游相关的称号和工程，以便获得更多的政策和资金支持，如山东省朱家林田园综合体建设项目，成为全省唯一的国家级田园综合体建设试点，将连续三年获得财政资金 2.1 亿元，其中中央财政资金 15 000 万元、省财政配套资金 5 400 万元、市财政资金 600 万元。乡村旅游业作为在乡村地区开展的一种旅游方式，在为政府、投资者带来经济收入的同时，提高农民的就业率，增加其经济收入，也是乡村旅游发展不可忽略的目标。

（4）乡村旅游发展战略研究。从逻辑上看，制定目标是基础，通过科学合理的战略途径实现目标才是规划的根本目的。乡村旅游未来的发展受资源、信息和外部环境等因素的影响，因此，规划者在开展规划的过程中，要尽可能地考虑规划地的乡村旅游发展实情和乡村实情，实事求是地指出有科学依据、能真正发挥作用的战略途径。乡村旅游发展总体战略应综合考虑政府是规划地乡村旅游发展的主导因素、文化是乡村旅游发展的内涵要素、示范是乡村旅游发展的推动要素、互动是区域乡村旅游发展的必备要素、产业是乡村旅游发展的核心要素，从政府引导、文化统领、精品示范、区域互动、产业共生等方面探讨乡村旅游的总体发展战略。在确定乡村旅游总体发展战略的同时，还应根据乡村旅游资源分布区域特征，依托不同地域特征的乡村旅游资源，确定乡村旅游发展空间演进战略，以便有针对性地开发不同类型、不同主题、不同功能的乡村旅游产品。

（5）乡村旅游市场定位研究。乡村旅游客源市场定位主要是在调查和分析当地现有乡村旅游客源的基础上，进行系统性和预测性分析，为之后乡村旅游市场营销工作的开展做好准备。在进行乡村旅游市场定位时应注意以下几点：①乡村旅游游客出行距离短，多开展短途旅行；②乡村旅游游客出行的时间段多为周末；③乡村旅游游客以城市居民为主，应重点开拓大城市客源市场。

然后，应将细分市场进一步划归梯度，目的是找清旅游地的营销重点，使旅游地规划中的定位更具针对性。评价并确定目标客源市场的过程即目标市场选择的过程。

一级市场（基础市场）指在接待地接待总人数中占比例最大的旅游市场。二级市场（重要市场）指在接待地接待总人数中占相当比例的市场，其特点是潜力大，由于外部因素，潜在需求还未完全转化为现实需要。三级市场（次要市场）是未来规划地乡村旅游市场的重要增长源，虽然目前占比不高，但以较快的速度持续增长，具有很大潜力。四级市场（机会市场）是在未来机会成熟时，可以开发的客源市场（图 3-9）。

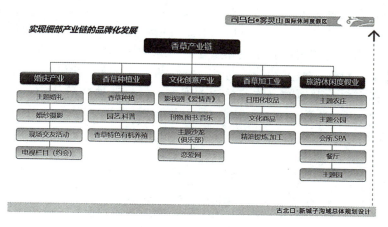

图 3-9 景区市场分析

（6）乡村旅游形象定位研究。

①主题形象设计。主题形象是乡村旅游者对乡村旅游地的总体概括和最直观的认知，乡村旅游活动、乡村旅游项目、乡村旅游环境、乡村旅游产品、乡村旅游商品、乡村旅游服务等都会在游客的心中形成乡村旅游地的印象，而这个印象从设计者的角度来考虑，就是乡村旅游地的主题形象。主题形象在规划地乡村旅游的发展中起着重要的作用，它是规划地乡村旅游形成竞争优势的主要条件。作为一项乡村化、平民化、大众化的经济文化活动，乡村旅游主题形象已经成为关系到乡村旅游业繁荣与否的关键指标。主题形象的设计主要考虑以下几个方面：a. 要客观、准确地概括规划地乡村旅游的性质特征；b. 尽量考虑客源市场的乡村旅游需求偏好；c. 设计要有新意，尽量突出乡村旅游地的特色；d. 乡村旅游主题形象定位要得到较多旅游者的认同；e. 文字表述要有一定的乡村味和美感，能让人产生对乡村旅游地的美好联想。

②宣传口号设计。规划地乡村旅游宣传口号的设计方法主要有资源导向和游客导向两种。资源导向即从规划地的民俗文化、

历史遗产、自然资源等方面提炼宣传口号；游客导向即从乡村旅游游客的需求出发，抓住游客寻求乡村性、寻求放松、寻求田园生活、寻求原生态自然环境的心理，向游客传递到达乡村旅游目的地能得到什么样的体验和感受。乡村旅游的宣传口号设计还应注重乡村性、地方性、针对性、统一性、艺术性的原则，尽量体现出乡村旅游地的总体特征，表现出乡村旅游地的总体定位，表达出乡村旅游地的个性特点，提升乡村旅游地的主题形象（图 3-10）。

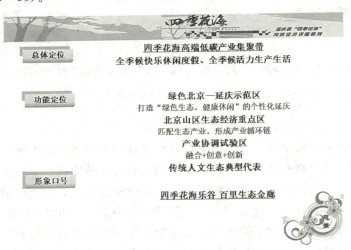

图 3-10 景区形象定位

2. 空间布局与重点项目策划研究

（1）总体布局研究。合理的总体布局是规划地乡村旅游产业健康可持续发展的保障和综合反映，规划地的经济条件、乡村旅游发展现状、乡村旅游资源特征等都要综合体现在乡村旅游发展总体布局中。乡村旅游地的乡村旅游发展总体布局首先要对规划地乡村旅游资源进行提炼，对乡村地形地貌进行概括；其次要对规划地的乡村旅游产业结构进行分析，找出规划地范围内各乡村旅游产业的集聚中心和发展廊道。当然还要考虑规划地的城乡发展功能区划、旅游产业发展布局以及其他相关规划，并结合乡村旅游形象和其他资料，确定规划地的乡村旅游总体布局。

（2）功能分区研究。规划地乡村旅游发展功能分区是在依据乡村旅游发展总体布局的前提下，将总体布局的各分区进行功能细分、目标细分和任务细分，并分析各分区不同的自然环境、社会发展现状、资源特征等，将资源要素相近、组成结构类似、发展方向一致、需要采取措施类似的区域划分为一个乡村旅游发展功能分区，然后进行详细规划。乡村旅游发展功能分区规划应该注重地域特征、综合性、同源性、主导因素四大原则，每一个功能分区的规划内容首先要概括其空间范围，其次要总结该区域的乡村旅游发展思路，最后还要对该区域乡村旅游发展的功能进行定位。

（3）重点项目策划研究。乡村旅游项目的策划要注重乡村性、创新性、资源特征、区位条件、社会经济条件、投资条件等要素，在基本符合规划地乡村旅游主题形象营造的同时，每一个项目在策划时都应该确保资源特色的突出及其对未来市场的吸引力，并保证项目的落地性与可操作性。由于乡村旅游发展规划的大尺度性，不可能进行详细的项目策划，只能对极具资源特色或市场特色的项目进行重点策划。笔者认为，乡村旅游重点项目的策划应该分为两个部分，分别是重点示范项目和特色创新项目。依据"示范带动"战略和品牌化原则，选择规划地已经开始建设或已经建成的具有一定影响力的乡村旅游项目，经过再次策划，使之更具地域代表性，形成规划地乡村旅游发展重点示范项目；依据"保护第一、生态第一、传承第一"的原则，选择极具代表性的乡村旅游资源，策划设计具有差异化、特色化、配套化、进取化效果的乡村旅游特色创新项目（图 3-11）。

3. 乡村旅游发展品牌体系研究　在乡村旅游快速发展的今天，很多乡村旅游目的地存在着品牌意识薄弱、品牌形象匮乏、品牌开发混乱、品牌营销滞后的现象，这些现象严重制约着当地乡村旅游的发展。乡村旅游目的地走品牌化的发展道路不但能帮助其更有效

图 3-11　景区功能分区

地开展市场营销，提升乡村旅游目的地的品牌附加值，也能为乡村旅游地带来更多的游客和经济价值。因此，走品牌化发展道路是乡村旅游目的地的必然选择。

　　规划地乡村旅游发展品牌体系的构建首先应从整体、区域、局部3个层面深入挖掘当地的乡村旅游资源特色，注入乡村文化内涵，结合市场需求和营销需求，选择规划地乡村旅游发展的整体品牌、区域品牌和局部品牌，构建以整体品牌为统领、区域品牌为支撑、局部品牌为基础的三级乡村旅游发展品牌体系。如北京延庆区西部打造了"四季花海"沟域经济这一整体品牌，然后在其中的3个乡镇重点打造3个区域品牌，局部节点又根据各自优势打造局部品牌（图3-12）。

　　乡村旅游须将品牌化作为发展的核心原则加以执行。要积极结合优势品牌区域的成功经验，在发展模式、项目设计和产品开发上深挖自身潜在优势，增强品牌识别度，做大、做响品牌，从而以更广泛的市场号召力引领规划地乡村旅游走向规范化和特色化。

分区策划——主题小镇

刘斌堡 **林果小镇**
四海 **花园小镇**
珍珠泉 **山水小镇**

策划构想：三个旅游综合小镇，基于镇域
资源特征，构建展示窗口与服务中心，核心
功能涵盖：

◇商业商务服务
◇农村新型社区居住功能
◇旅游集散休闲服务
◇特色产品精深加工功能
◇公共服务功能

图 3-12　景区品牌建设

4. 乡村旅游产品体系、开发方向与旅游线路规划研究

（1）乡村旅游产品体系构建。乡村旅游产品体系构建应坚持不同地域发展特色，丰富游客体验内容，不断挖掘本地乡村旅游资源，提升乡村旅游发展层次，优化旅游产品结构，满足不同市场主体的需求。同时，不断开发当地乡村旅游的标志和重点产品，打造独具特色的乡村旅游产品体系。

（2）乡村旅游产品开发方向研究。乡村旅游产品开发应以旅游产品深度挖掘和结构优化为主要目标，通过乡村旅游产品的开发，充分盘活规划地乡村旅游资源，结合乡村旅游重点项目，使游客在古朴、自然的生态环境中寻找独特的乡村体验，以满足生活在喧嚣中的城市居民返璞归真、放松身心、增长阅历的需求。应对每一种乡村旅游产品进行单独分析，找出该种乡村旅游产品所依赖的独特的乡村旅游资源，结合规划项目和未来乡村旅游发展的趋势，总结出该种乡村旅游产品的开发方向。

（3）乡村旅游线路设计研究。由于乡村旅游游客出行距离的短途化、出行时间的周末化、出行目的的四季不同化、旅游目的地的生态化。乡村旅游线路设计与普通的旅游线路设计有不同的原则和重点。由于规划范围较大，乡村旅游线路设计不可能面面俱到，涉及每一个乡村旅游项目时，只能重点选择部分具有代表性的乡村旅游项目纳入乡村旅游线路规划中。乡村旅游线路设计应遵循以下条件：①旅游线路的多样化；②满足游客对"乡村味"的追求；③旅游线路组合以短途为主；④线路主题要突出不同旅游产品的特色；⑤确保游客的可进入性；⑥不同季节设计不同的旅游主题；⑦打造精品线路；⑧尽量构成乡村旅游线路网。在设计乡村旅游线路时，应包括区域乡村旅游精品线路、四季乡村旅游线路、不同主题的乡村旅游线路等（图3-13）。

图3-13　景区产品规划

5. 乡村旅游商品开发与购物规划研究

（1）商品开发的软环境研究。目前，乡村旅游商品的开发有如下难题：①农民对旅游商品认识不到位，缺乏启动资金；②政府缺乏有效支持，扶持力度不够；③知识产权意识薄弱，商品品牌打造混乱；④产品包装差，难以满足游客需求。想要提高乡村旅游商品开发的软环境，应鼓励农户建设乡村旅游商品原材料基地，对乡村旅游商品生产企业实行优惠政策，改革现有管理制度，加大资金和科技投入，实现乡村旅游商品的深度开发，并扶持小微型企业进行乡村旅游商品的研发和营销。

　　（2）乡村旅游商品开发研究。乡村旅游商品种类繁多、功能各异，主要包括地理标志产品、特色农副产品、民间工艺品、乡村生产生活用品、花卉系列产品、中药材加工产品、家居用品等类型。乡村旅游商品的开发不但能提高产品的附加值，还能提高农民的收入，增加农民的就业机会，促进流传于乡村的濒临灭绝的民间手工艺等非物质文化遗产的传承，弘扬民俗文化。

　　（3）乡村旅游购物研究。旅游购物应成为乡村旅游发展的重要突破口之一，通过打造乡村旅游商品，一方面起到宣传推广作用，扩大规划地乡村旅游的知名度及市场影响力，另一方面提高旅游购物在旅游总收入中的比重，增加农民经济收入。乡村旅游购物配套建设要解决以下问题：①建设多层次的乡村旅游商品销售网络；②出台各级乡村旅游商品市场售卖规范；③建立健全旅游购物网络体系（图3-14）。

图3-14　景区购物产品规划

（三）保障支持规划内容研究
1. 乡村旅游市场营销策略研究　　规划者要改变市场营销编制

的旧有套路，根据规划地实际情况，挖掘乡村旅游市场最新需求，找出乡村旅游市场营销存在的症结，开出药到病除的方子，提出科学合理的市场营销措施。一个规划好的乡村旅游市场营销策略应在充分考虑乡村旅游产品特征的前提下，综合开展分级市场营销、分产品类型营销、社区营销、新兴网络媒体营销、选秀造势营销等策略。

（1）分级市场营销研究。乡村旅游市场定位已经将乡村旅游市场划分基础客源市场、重点客源市场、拓展客源市场、机会客源市场4个层级，每个层级的乡村旅游市场地域文化不同、居民收入不同，需求的乡村旅游产品也不同。因此，为了达到更好的营销效果，应针对不同的乡村旅游客源市场开展不同的营销策略，如不同的宣传方式、不同的优惠策略、不同的主打乡村旅游产品，争取用最低的成本达到最好的营销宣传效果。

（2）分产品类型营销研究。鉴于不同品牌系列的乡村旅游产品有不同的产品周期，应及时开发新的旅游产品系列。分产品类型营销策略立足于对游客需求期望的了解，并把期望反映在产品的包装上，不同的乡村旅游产品应瞄准不同的乡村旅游客源，做到精准营销。

（3）其他营销策略研究。乡村旅游游客具有分散化、大众化与知识水平较高化的特点，而乡村旅游点呈现小型化与聚集发展化，因此，在开展乡村旅游分级市场营销与分产品类型营销的基础上，还可开展社区营销、新兴网络媒体营销、社会性网络服务（SNS）营销、消费者个性定制（C2B）营销、选秀造势营销、区域整合营销等新型营销策略，做到客源市场宣传营销的无缝化覆盖（图3-15）。

2. 乡村旅游发展重点工程研究　为了更好地促进规划地乡村旅游的科学发展，彰显规划地乡村旅游发展特色，应找出制约乡村旅游发展的外部因素，如示范不足、标准混乱、信息化滞后等。对制约乡村旅游发展的外部因素进行深入分析后，还要有针对性地开展乡村旅游发展重点工程建设，确保规划地乡村旅游的科学发展。

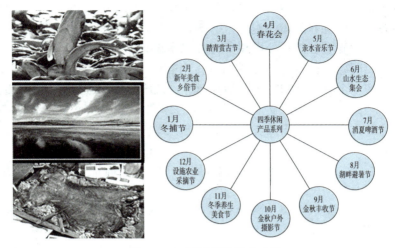

图 3-15 景区营销策略建设

（1）重点示范工程。按照乡村旅游产业要现代、生活要富裕、环境要优美、管理要科学、农民要幸福以及宜居、宜业、宜游的要求，将乡村旅游发展与国家"美丽乡村"建设工程、乡村旅游扶贫工程、中国传统村落评选工程、休闲农业与乡村旅游示范点建设工程等有机结合起来，开展乡村旅游重点示范工程，每年选择一批具有较强带动作用的镇、村、点作为示范重点推进，以清晰的品牌识别度和广泛的市场号召力引领规划地乡村旅游走向规范化、特色化。

（2）乡村旅游信息化工程。乡村旅游信息化工程主要包括乡村旅游基础信息资源建设、乡村旅游电子政务建设、乡村旅游信息化信息技术应用建设、乡村旅游信息化保障体制建设四大核心部分。乡村旅游信息化工程的实施有助于促进乡村旅游品质的提升，加快乡村旅游产业升级转型，促进规划地乡村旅游健康发展。

（3）乡村旅游标准化体系工程。长期以来，国内大部分地区的乡村旅游标准化发展一直处于没有标准、无人实施、无人监管的状态，不但乡村旅游者的合法权益得不到有效保护，乡村旅游经营者也经常遭到各种投诉，同时，同一地区各乡村旅游点的发展也良莠不齐，致使游客的体验遭到较大破坏。因此，规范乡村旅游经营、保护乡村旅游者权益、提高乡村游客体验变得刻不容缓。

要明确乡村旅游标准化的具体内容，一般从吃、住、行、游、购、娱 6 个方面来构建包括基础标准、设施标准、服务标准、质量与安全标准、环境保护标准等在内的标准体系。按照融入地方特色、总体设计、分步制定、稳步推进、逐步到位的指导思想，逐步建立起与规划地乡村旅游发展相协调的乡村旅游标准体系。

3. 乡村旅游与相关产业融合研究　乡村旅游产业融合是指乡村旅游业与国民经济中的第一产业、第二产业、第三产业进行相互渗透和相互交叉，产业融合将会更加有效地带动各相关产业协调发展。

（1）与第一产业融合研究。第一产业主要是指农业，包括农、林、牧、渔 4 个方面。农业、农村、农民所体现出的乡村性是游客开展乡村旅游的核心吸引物，可以说，农业与乡村旅游有着不可分割的联系。可以用旅游的开发模式来经营农业，用旅游景观的概念来开发农业。

（2）与第二产业融合研究。第二产业主要是指制造业、采矿业和建筑业。乡村旅游与第二产业融合主要体现在乡村旅游商品的制造加工、乡村工业参观旅游等方面。应以规划地工业为基础，以满足乡村旅游游客需求为导向，以体现规划地乡土文化为目标，对当地特色农副产品、地理标志产品、手工艺品、农业器具等进行生产、加工和改良，积极开发各种特色乡村旅游商品，同时选择有条件的工业企业开展特色商品加工参观、特色商品制作体验等乡村旅游产品类型，促进乡村旅游业与第二产业的融合发展。

（3）与第三产业融合研究。第三产业的行业门类多样，乡村旅游产业本身就是第三产业，属于高端生产性服务业，与此同时，乡村旅游产业与第三产业中的其他行业也存在着较多的联系。除旅游六大要素所涉及的相关行业领域以外，围绕乡村旅游业的产业链上下游，与乡村旅游业相关联的行业也非常多，如地产业、信息业、文化业、养老业、体育业等。从发展趋势来看，乡村旅游产业所涉及的行业领域都依赖一些新兴的、专业的、较高端的服务公司来运作，如乡村旅游地产开发、乡村旅游信息网络建立、乡村旅游市场营销、乡村文化推广、乡村养老服务、乡村体育活动拓展等。

4. 乡村资源环境保护研究　乡村旅游资源环境保护分为自然环境保护和乡村文化保护。自然环境的保护也可以看作是生态环境的保护，主要保护对象是规划地的青山绿水、蓝天丽日、肥沃耕地等大的生态环境；乡村文化的保护主要是对乡村文化氛围的培育和乡村遗产的保护。

（1）人居环境保护研究。乡村人居环境主要指乡村旅游目的地的大气环境、水环境、声环境、固体废弃物处理4个方面。乡村人居环境的好坏直接关系到游客对乡村旅游目的地的直观印象，因此，乡村人居环境的保护在乡村旅游资源环境保护中占据重要地位。要严格遵守国家的相关法律、法规，按照相关规定对乡村人居环境进行分区分级保护，同时还应兼顾生态效益和经济效益、长远利益和近期利益，确保乡村人居环境的健康协调和持续改善。

（2）耕地保护研究。耕地是发展乡村旅游业的基础，如果不加以保护，势必会阻碍乡村旅游业的发展。耕地保护也应该按照基本农田与一般农田两种类型区别对待，针对不同的耕地类型设计不同层级的保护措施，确保农村耕地的保护与合理开发。

（3）乡村文化保护研究。文化是乡村旅游的灵魂，也是乡村性的深层内涵。随着乡村旅游的开发，外来文化会严重侵蚀乡村文化的传承与发展，使乡村旅游地越来越缺乏乡村味，因此，乡村文化保护刻不容缓。乡村文化保护主要包括农事农耕文化保护、村落古镇保护、民族民俗文化保护、遗产保护4个方面，应该针对不同的方面提出不同的保护措施，但其核心是注重对乡村文化及传统文化的挖掘与整理、利用与传承，彰显规划地的文化魅力。

（4）古镇村落与乡村建筑风貌保护研究。

①特色古镇与村落保护研究。随着乡村旅游的日益兴起，特色

古镇与村落所散发的乡村韵味和原生态的田园风光吸引着越来越多的游客，因此，特色古镇与村落的乡村旅游开发强度将会越来越大。游客的不断增加必定会导致古镇和传统村落的原真性逐渐丧失，古朴乡村韵味逐渐淡化，所以，特色古镇和村落的保护势在必行。在特色古镇和村落的开发中，应坚持"原址保护、修旧如旧、建新如旧"的原则，做到开发与保护同步，在保护的前提下进行开发，确保特色古镇与村落乡村旅游的健康可持续开发。

②特色乡村建筑风貌控制研究。乡村建筑风貌是乡村旅游地最原始的标记，也是乡村旅游地域特色的外在表现。特色乡村建筑风貌控制研究从宏观到微观，主要包括景观风貌分区控制、乡村聚落空间布局结构控制、建筑形式与元素控制3个方面。基于发展规划范围的大尺度，规划地乡村旅游的建筑风貌应该分区进行控制，每个分区的乡村建筑风貌都应该在当地原有建筑风貌的基础上，尽量融入当地特色旅游元素，营造独特的建筑风貌区。乡村聚落空间布局应该按照当地地形地貌，因地制宜，结合当地聚落布局传统，构建能够体现当地民居特色的乡村聚落空间布局（图3-16）。

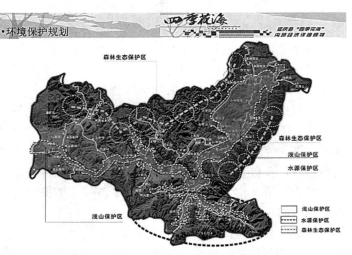

图3-16　景区周边环境规划

5. 乡村旅游发展的社区参与研究 社区居民是乡村文化的继承者和乡村景观的最初建造者，乡村旅游发展的最终目的也是发展当地经济，提高当地居民的收入水平，所以说，社区居民在乡村旅游的发展中具有不可替代的作用。社区居民参与乡村旅游发展的最直接方式就是在乡村旅游中就业，如作为乡村旅游地的商贸服务人员、特色农业的种植养殖人员、乡村旅游产品的加工人员等，直接参与当地乡村旅游的发展。但这属于浅层次的参与方式，应更多地考虑让社区居民成为当地乡村旅游发展的主体，参与乡村旅游发展道路的制定，从而获得更多的收益。

6. 乡村旅游发展支撑保障体系研究 乡村旅游业作为一种综合性很强的产业，需要协调各方面的关系，也需要各个部门的支持和帮助，只有建立起完善的支撑保障体系，实现各部门的协调配合，才能促进规划地乡村旅游业的良性发展。

（1）乡村旅游配套设施规划研究。乡村旅游配套设施主要指为乡村旅游业服务的所有设施，主要包括接待服务设施、餐饮设施、住宿设施、交通设施、娱乐设施、邮电通信设施、安全卫生设施等，其中大多数还尚未有各自的行业标准规范。乡村旅游是以生态体验和田园生活体验为特征的，乡村旅游的配套设施应在兼顾功能性、美观性、安全性、经济性的同时切合当地乡村旅游的主题，让游客在接受各种服务的时候都能体验到回归乡村田园的感觉（图3-17）。

（2）政策保障机制研究。政策保障是乡村旅游发展必不可少的驱动因素和保障因素，只有政策配套，乡村旅游才能更好更快地发展。在政策支持方面，政府应发挥其主导作用，从最制约乡村旅游发展的乡村旅游用地和财政金融两个方面来保障乡村旅游的发展。

乡村旅游用地是乡村旅游发展的关键制约因素，在制定乡村旅游用地政策时，应充分考虑相关乡村旅游项目、设施的空间布局和建设用地要求，积极探索总体规划编制中的旅游用地类型及其配套建设用地比例，优先保障乡村旅游用地；乡村旅游涉及的

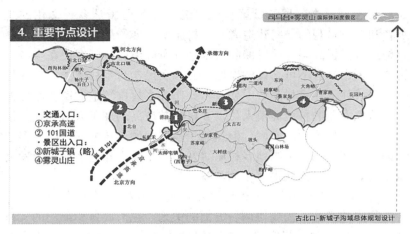

图 3-17　景区配套设施建设

非建设用地部分，可通过农村土地承包经营权流转、农业设施用地等政策措施予以保障；乡村旅游项目涉及的建设用地使用农村原有建设用地的，可在现有农村建设用地流转政策框架下解决；同时还应积极制定其他乡村旅游用地政策，并做好乡村用地需求预测。在财政金融政策方面，应积极建立和完善乡村旅游投入机制，进一步加大财政投入力度；实施税收优惠政策，减免部分乡村旅游企业税收；设立乡村旅游重点扶贫基金，促进贫困地区农民致富；进一步培育和壮大投融资平台，积极吸引外部资金投入乡村旅游行业。

（3）人力资源保障机制研究。人力资源保障体系主要为乡村旅游市场提供具有较高水平的旅游人才，为规划地乡村旅游的健康可持续发展提供人力资源保障。政府要加大对乡村旅游人才的培训力度，加强乡村旅游经营管理人才队伍建设。制定鼓励性政策，通过多种形式开展乡村旅游政策法规、经营管理、配套设施、投资环境等方面的培训。鼓励高校及旅游培训机构有针对性地加强乡村旅游带头人的培养，强化引领示范带动作用。探索旅游职业教育培养乡村旅游人才的新机制，大力发展职业教育，建立乡村旅游培训基地，鼓励农村劳动力参加乡村旅游职业技能培训。

（4）利益相关者的协调机制研究。宏观的乡村旅游发展利益相关者包括政府部门、乡村旅游开发企业、乡村旅游者、社区居民与非政府组织；狭义的利益相关者指乡村旅游经济收益的相关者，只包括政府部门、乡村旅游开发企业和社区居民。由于利益相关者在乡村旅游发展中的定位和利益诉求不一致，不合理的利益分配将会制约当地乡村旅游的发展，因此，应分析各利益相关者之间的相互关系和利益诉求，协调各方利益，建立有效的产权配置与组合，借助第三方力量协调各方利益，建立有效的利益相关者行为监控机制，减少各利益相关者对乡村旅游发展的制约。

（5）危机应对机制研究。乡村旅游主要在乡村地区开展，远离城市地区，地形地貌较为复杂，气象条件复杂多变，因此，乡村旅游业对风险和危机的应对能力较差。乡村旅游发展规划应帮助规划地设计一套较为完整的危机应对机制，使其具备预测和抵御风险的能力。危机应对机制的主要内容包括气象灾害应对机制、自然灾害应对机制、人为危机应对机制3个方面，主要是如何防范这3类危机的发生，以及当危机发生时应该如何应对。

7. 投资估算与效益分析

（1）投资估算。乡村旅游发展规划的投资估算是在初步确定设计项目的建设规模和开发进度等条件的基础上，估算乡村旅游项目的总投入。由于乡村旅游发展规划的规划空间范围较大、涉及面较广，因此只能对乡村旅游发展规划中的项目投资进行大概的估算。乡村旅游发展规划的投资估算一般由规划方依据项目安排，列出各项需要委托方汇总的信息，由委托方按照规划方的要求对各项信息进行详细登记，并最终由规划方汇总和审核。投资估算主要涉及旅游项目建设投资、服务项目建设投资、基础设施投资、旅游招商与营销投资、文物景观保护费用等方面的内容。

（2）效益分析。乡村旅游发展规划的效益分析主要包括经济效益分析、社会效益分析和生态效益分析3个方面。

①经济效益分析。乡村旅游产业直接收益主要来自门票、交

通、餐饮、娱乐、购物、住宿等旅游服务项目。应根据规划地乡村旅游的消费水平及消费结构，综合当地经济增长速度，结合游客量预测规模，预测出规划地乡村旅游产业的直接收益与关联产业收益。直接收益指乡村旅游直接年收入等数据，关联产业收益是依据旅游业对关联产业的带动力度推算出来的数据。

②社会效益分析。大力发展乡村旅游在为规划地带来较好的经济效益的同时，还将带来显著的社会效益，包括推动规划地城乡统筹发展、助力社会主义新农村建设、提高就业水平和促进区域经济水平提高、率先全面建成小康社会等方面。

③生态效益分析。乡村旅游是以优美的自然环境和特色文化资源为基础的美丽产业，良好的生态环境是乡村旅游发展的前提。在乡村旅游的发展过程中，对于规划地的生态环境要求非常明确：可以促使生态环境较差的地方变好，使生态环境较好的地方得到更好的保护和发展；可以提高当地居民自觉保护与建设生态环境的意识；可以提高森林覆盖率，降低水土流失程度；可以更好地促进人与自然、人与社会及人与人之间的和谐发展（图 3－18）。

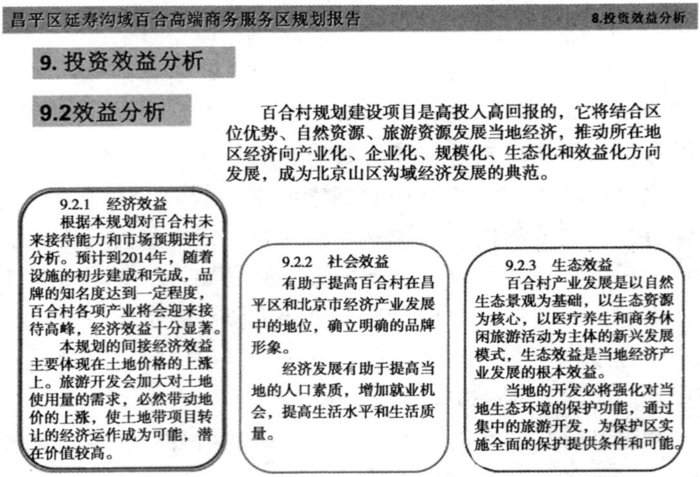
昌平区延寿沟域百合高端商务服务区规划报告　　8.投资效益分析

9. 投资效益分析

9.2效益分析

百合村规划建设项目是高投入高回报的，它将结合区位优势、自然资源、旅游资源发展当地经济，推动所在地区经济向产业化、企业化、规模化、生态化和效益化方向发展，成为北京山区沟域经济发展的典范。

9.2.1　经济效益

根据本规划对百合村未来接待能力和市场预期进行分析。预计到2014年，随着设施的初步建成和完成，品牌的知名度达到一定程度，百合村各项产业将会迎来接待高峰，经济效益十分显著。

本规划的间接经济效益主要体现在土地价格的上涨上。旅游开发会加大对土地使用量的需求，必然带动地价的上涨，使土地带项目转让的经济运作成为可能，潜在价值较高。

9.2.2　社会效益

有助于提高百合村在昌平区和北京市经济产业发展中的地位，确立明确的品牌形象。

经济发展有助于提高当地的人口素质，增加就业机会，提高生活水平和生活质量。

9.2.3　生态效益

百合村产业发展是以自然生态景观为基础，以生态资源为核心，以医疗养生和商务休闲旅游活动为主体的新兴发展模式，生态效益是当地经济产业发展的根本效益。

当地的开发必将强化对当地生态环境的保护功能，通过集中的旅游开发，为保护区实施全面的保护提供条件和可能。

图 3－18　投资效益分析

第二节 "田园综合体"规划路径研究

"十二五"期间，国家及各地方强力推进以乡村旅游为代表的"周末经济"，无论是"5＋2"新型生活模式还是"2.5天休假模式"的兴起，均意味着都市人的生活方式正在悄然改变，回归"乡土"的需求持续升级。全民休闲时代的来临激发了乡野休闲模式的创新，一种以田园风光观赏、农业休闲体验为主体的高度集合的乡村持续发展模式——"田园综合体"应运而生。作为伴随城乡一体化发展的时代产物，"田园综合体"集现代农业、休闲旅游、田园社区于一体，一方面可以满足城镇居民纵情山水的田园生活诉求，另一方面对助推乡村经济、实现乡村现代化有着关键的作用与意义。如何构建和谐共生的"田园综合体"发展模式，是一个亟待探究的时代命题。

2017年的中央1号文件提出，在保持政策连续性、稳定性的基础上，特别注重抓手、平台和载体建设，即"三区、三园和一体"。"三区、三园和一体"建设将优化农村产业结构，促进三产的深度融合，并集聚农村各种资金、科技、人才、项目等要素，加快推动现代农业的发展。其中"一体"即田园综合体，提出"支持有条件的乡村建设以农民合作社为主要载体，让农民充分参与和受益，集循环农业、创意农业、农事体验于一体的'田园综合体'"。

一、"田园综合体"的概念

从地域及空间特征上看，"田园综合体"处于城乡地域界面的交错地带，它是以田园空间为载体，通过共生链系统整合空间中各类自然资源与农业资源，形成各产业持续、健康、循环发展的田园综合区域。从产业发展角度看，"田园综合体"则是以现代农业为主导，联动加工业、服务业，融合居住、生产、休闲、教育、科研、养生及现代贸易等多元功能的循环产业链，是实现生产、生活、生态高度复合且良性运转的有机综合体。

　　与时代发展相适应，"田园综合体"呈现的是现代人对于质朴生活、多元价值追求的一种观念形态，是一种集合了自然生态特性、质朴生活方式与高效设施体系的现代生活理念。"田园综合体"兼具"乡"与"城"两种地域特性，其模式的研究重在探索城市经济要素与文化要素向乡村空间的渗透。在新型城镇化发展战略当中，"田园综合体"必将持续推进传统自然村落向新型田园社区的进化，促进传统农民向高素质农民转化，加快传统农业向规模化、生态化、创意化的新型复合模式升级转型。

二、"田园综合体"的建设背景

（一）农业在经济新常态下承担更多的功能

　　当前我国经济发展进入新常态，地方经济增长面临新的问题和困难，尤其是生态环境保护的逐步开展，对第一、二产业的发展方式提出更高的"质"的方面的要求，农业在此大环境下既承担生态保护功能，又承担农民增收、农业发展的功能。

（二）传统农业园区转型升级面临压力

　　农业发展进入新阶段，农村产业发展的内外部环境发生了深刻变化，传统农业园区的示范引领作用、科技带动能力及发展模式与区域发展过程中的条件需求矛盾日益突出，使得农业园区新业态、新模式的转变面临较多困难，瓶颈明显出现。

（三）农业供给侧改革的发展需要

　　经过十余年的中央1号文件及各级政策的引导发展，我国现代农业发展迅速，基础设施得到改善，产业布局逐步优化，市场个性化需求分化，市场空间得到拓展，生产供给端各环节的改革需求日趋紧迫，社会工商资本也开始关注并进入农业农村领域，对农业农村的发展起到积极的促进作用。同时，工商资本进入该领域，也期望能够发挥自身优势，从事农业生产之外的二产加工业、三产服务业等与农业相关的产业，形成一二三产融合发展的模式。

（四）农业土地管理有了新的要求

　　随着经济新常态的推进，国家实施了新型城镇化、生态文明建设、供给侧结构性改革等一系列战略举措，实行建设用地总量和强度的"双控"，先后出台了《基本农田保护条例》《农村土地承包法》等，对土地开发的用途管制有非常明确的规定。特别是《国土资源部 农业部关于进一步支持设施农业健康发展的通知》（国土资发〔2014〕127 号）的发布，更是将该要求进一步明确，使得发展休闲农业在新增用地指标上面临较多的条规限制。

三、"田园综合体"的建设理念

（一）以产业为核心

一个完善的"田园综合体"应是包含农、林、牧、渔、加工、制造、餐饮、酒店、仓储、保鲜、金融、工商、旅游及房地产等行业的三产融合体和城乡复合体。农村仅仅依靠农业就能生存的时代已经结束，远走他乡和抛家别亲的进城务工牺牲太大，在本区域内多元发展，从多个产业融合发展中获取收益的模式更为可行。没有一个比较高的生活水准，人心必背，没有产业支撑的"田园综合体"也只能是一副"空皮囊"，各级各类现代农业科技园、产业园、创业园应适当向"田园综合体"布局。

（二）以旅游为先导

随着人们收入的增多、现代交通通信的发达、休闲时间的富余、生活方式的改变和家庭机动化水平的提高，乡村旅游已成为当今世界性潮流，"田园综合体"就是顺应这股大潮应运而生的。以乡村旅游业为先导，看似匮乏实则丰富的乡村旅游资源需要匠心独运的开发，一段溪流、一座断桥、一棵古树、一处老宅、一块残碑都有诉说不尽的故事。例如，位于北京城乡结合处的蟹岛绿色生态度假村集种植、养殖、旅游、度假、休闲、生态农业观光为一体。度假村以产销"绿色食品"为最大特色，"前店后园"的布局别具一格；以餐饮、娱乐、健身为载体，让客人享受清新自然、远离污染的高品质生活。该度假村现在是北京市推动农业产业化结构调整的重点示范单位，也是中国环境科学学会指定的北京绿色生态园基地。

（三）以文化为灵魂

文化是"田园综合体"区别于传统农业园区的一个重要特征。"田园综合体"要把当地世代形成的风土民情、乡规民约、民俗演艺等发掘出来，让人们可以体验农耕活动和乡村生活的乐趣与礼仪，以此引导人们重新思考生产与消费、城市与乡村、工业与农业的关系，从而产生符合自然规律的自警、自醒行为，在陶冶性情中自娱自乐、化身其中。缺乏文化内涵的综合体是不可持续的。

（四）以交通、物流和通信等基础设施为支撑

各种基础设施是启动"田园综合体"的先决条件，而及时提供一些关键的基础设施又会对后续的发展产生持续的正向外部性。缺乏现代化的交通、通信、物流、人流、信息流，一个地方就无法实现与外部世界的联系沟通，也无法与外部更广阔的地域结合在一起，形成一个向外开放的经济空间。

（五）以体验为价值

"田园综合体"是生产、生活、生态及生命的综合体。在经济高度发达的今天，人们对"从哪里来"的哲学命题已经无从体悟，"田园综合体"通过把农业和乡村作为绿色发展的代表，让人们从中感知生命的过程、感受生命的意义，并从中感悟生命的价值、分享生命的喜悦。

（六）以乡村复兴再造为目标

在工业化和城市化的初始阶段，农业和乡村的落后往往与国家和社会的落后紧密联系在一起，城市化和工业化的过程就是乡村年轻人大量流出的过程、老龄化的过程、放弃耕作的过程、农业衰退的过程以及乡村社会功能退化的过程。"田园综合体"是乡与城的结合、农与工的结合、传统与现代的结合、生产与生活的结合，它以乡村复兴和再造为目标，通过吸引各种资源和凝聚人心，给那些日渐萧条的乡村注入新的活力，重新激活价值、信仰、灵感和认同的归属。"田园综合体"作为中国农村未来发展的范式，应纳入各地城乡规划体系。

四、"田园综合体"的主体架构

(一)农业景观区

农业依然是"田园综合体"的基础，这是有别于乡村特色小镇与城市社区最显著的标志，农业景观区的意义不单单是为了提供安全、放心的生态绿色食物和获取相应的收入。农业与自然密切交织在一起，农田的维持和管理有利于气候的稳定、储存雨水、调节河川流量并防止洪涝，农业也有利于延续传统文化，形成绿色的空间和景观。更重要的是，农业支撑着区域乡村共同体的活动，农业活动本身"嵌入"自然和乡村共同体之中，让整个乡村社会恢复到其应有的状态。从生活的角度看，农业生产就是"农活"，是人性的综合。

具体来讲，"田园综合体"应以观赏型农田、立体农作物造型展示、果蔬园、花卉展览区、湿地情景区、水秀娱乐区等为载体，让游客身临其境地感受田园风光；以农村田园景观、现代农业设施、优质特色农产品为基础，开发特色主题观光区域；以田园风光和生态宜居为基础，增强其吸引力和整体价值（图3-19）。

图3-19　北京密云区的薰衣草花田景观

(二)休闲聚集区

休闲聚集区使城乡居民能够融入农村本身特色的生活空间，参加乡村风俗活动，让城乡居民在活动参与中感知农业文化蕴含的魅力。为满足城乡居民各种休闲需求而设置的综合休闲产品体系包括游览、赏景、登山、玩水等休闲活动和体验项目等（图3-20）。

图3-20 休闲区建设

（三）农业产业区

农业产业区是主要从事种植、养殖等农业生产活动和农产品加工制造、保鲜储藏、市场贸易的区域，是确立综合体根本定位、为综合体发展和运行提供产业支撑及发展动力的核心区域。在这里，城乡居民可以认知农业生产的全过程，通过参与农事活动充分体验农业生产。此外，还可以开展农作物生长过程认知、农作物科技种植、生态农业科普等项目（图3-21）。

图3-21 茶园绿道

（四）服务配套区

服务配套区是为综合体各项功能和组织运行提供服务及保障的

区域，包括服务农业生产领域的金融、技术、物流、电商等，也包括服务居民生活领域的医疗、教育、商业、康养、培训等（图3-22）。这些区域之间不是盲目叠加，而是功能融合和要素聚集，以各区域衔接互动为主体，使其成为城乡一体化发展背景下的新型城镇化生产生活区。服务是"田园综合体"的生命线，生产性服务业应向专业化和价值链高端延伸，生活性服务业应向精细化和高品质转变，让游客与居民吃住放心、娱乐舒心。在主体架构中，核心要素是田园生产、田园生活和田园景观。

图3-22　配套养老机构

（五）居民生活区

在农村原有居住区基础之上，在产业、生态、休闲和旅游等要素的带动引领下，构建起以农业为基础、以休闲为支撑的综合聚集平台，形成当地农民社区化居住生活、产业工人聚集居住生活、外来休闲旅游居住生活三类人口相对集中的居住生活区域。

居民生活区应该是一个日常的生活世界，是以面对面的熟人关系结合而成的、充满活力的乡村新型现代社区。在环境打造上，必须克服高楼大厦的城市模本，充分展现小桥流水的乡村图景（图3-23）。

百合新村效果图一

平面索引图

百合新村效果图二

新村园林绿化效果图

百合新村室内效果图

百合新村效果图

图 3 - 23　居民社区

案例 3 - 1

山东首个国家级田园综合体——"朱家林"获 2.1 亿财政补贴

2017 年 7 月 4 日，在山东省国家"田园综合体"建设试点项目评选中，朱家林"田园综合体"项目在全省 14 个参与竞争的项目中以第一名的优异成绩脱颖而出，成为全省第一个国家级"田园综合体"建设试点，将连续 3 年获得财政资金 2.1 亿元，其中中央财政资金 1.5 亿元、省财政配套资金 5 400 万元、市财政资金 600 万元。

两年前，这里还和所有山沟里的特困村一个模样，荒远偏僻、落后闭塞、房屋破败、毫无生机，青壮年外出打工，老弱病残留守家中。2015 年冬天，一群怀揣田园梦想的年轻人来到被誉为"山东小延安"的沂南县岸堤镇，来到集山区、库区、老区于一身的小山村朱家林，他们立志通过创意设计，吸引青年返乡、资本下乡，带动乡村复兴，打造山沟里的"乌托邦"（图 3 - 24）。

图 3 - 24　村庄改造前后对比

　　他们的举动得到了党委政府和村民的支持。一年的时间，这里旧貌换新颜，"房子还是那些房子，没有大拆大建，但是风格翻新了；田还是那些田，没有增减，但是效益翻番了；水还是那水，树还是那树，但是变成景观了；村还是那村，人还是那人，但是更加祥和幸福了。"这就是当下朱家林"田园综合体"项目展现出来的新景象（图 3 - 25）。

图 3 - 25　村民意见征集

　　沂南县朱家林"田园综合体"建设试点项目由政府引导、创客引领、综合规划、多主体参与，按照"田园综合体"的构成要素协同打造，规划总面积28.7千米^2（图3-26）。

图3-26　朱家林功能分区

　　项目以农业综合开发为平台，规划建设包括农业产业区、生活居住区、文化景观区、休闲聚集区、综合服务区在内的五大功能区。

　　通过大力打造农业产业集群、稳步发展创意农业、开发农业多功能性，推进农业产业与旅游、教育、文化、康养等产业的深度融合，实现田园生产、田园生活、田园生态的有机统一和一二三产业的深度融合，为农业农村和农民探索一套可推广、可复制而又稳定的生产生活方式，走出一条集生产美、生活美、生态美"三生三美"的乡村发展新路子。

　　首期项目位于村子的核心区域，由海绵街道与乡村生活美学馆、原筑创意工作室、社区服务中心、美术馆、乡村生活美学馆、餐厅、咖啡厅、再生之塔以及民宿区构成（图3-27至图3-29）。

　　二期项目在原基础建设上，完善业态，不断升级，加入朴门农场、社区客厅、民宿接待中心、杏林医馆等。

原筑创意工作室，将以美学馆为核心的散落的空闲民居，改造为环境设计与文化创意相关工作室，为乡村建设**引进创意人才**。

图 3-27　原筑创意工作室

乡村生活美学馆，主要用于展示朱家林所倡导的衣、食、住、行、**绿色可持续的生活理念**，以及生活器用和文创产品。意在挖掘乡村生态资源和民俗资源，引导乡村美学经济。

图 3-28　乡村生活美学馆

图 3-29　乡村生活休闲区

　　朴门农场采用"大地艺术村"的经营方式，设置主题农场、有机食材花园、婚礼中心、儿童生态乐园，供采摘、亲子活动、农事体验以及举办田园婚礼、文化艺术活动等，丰富农业业态，实现农业增收（图3-30）。

图3-30　朴门农场

目前，朱家林项目陆续得到青年群体的关注，许多在外青年到朱家林了解情况，或者在网络上进行沟通，表达了他们返乡的愿望（图3-31，图3-32）。

图3-31　青年创业者入驻

图 3 - 32　朱家林创意形象

也有一些人开始行动，不仅要返乡，还要将他们所在城市的资源与家乡进行对接。

朱家林"田园综合体"现入驻的企业有中国乡村旅游创客示范基地、青年返乡创业平台、创意工坊、创意创客、农业创客、新农人蚕宝宝家庭农场、桃木桃、山东田间地头农业发展有限公司、天河中草药养生园、创意市集、村民工匠、草木染、89 木作、泥喃陶艺等（图 3 - 33）。

图 3 - 33　农业创业示范基地

资料来源：佚名. 临沂姑娘返乡创业与村民共享共建"桃花源". http：//sd. ifeng. com/a/20170919/6006672 _ 0. shtml，2017 - 09 - 19.

▶ 案例分析：

1. 朱家林"田园综合体"成功的关键因素有哪几点？

2. "田园综合体"需要达到的目标是什么？

第三节 特色小镇规划路径研究

2016 年 2 月，国务院公布的《关于深入推进新型城镇化建设的若干意见》提出，"加快特色镇发展 …… 发展具有特色优势的休闲旅游、商贸物流、信息产业、先进制造的魅力小镇"。同年 7 月，住房城乡建设部、国家发展和改革委员会、财政部联合下发《关于开展特色小镇培育工作的通知》，要求到 2020 年，培育 1 000 个左右各具特色且富有活力的休闲旅游、商贸物流、现代制造、教育科技、传统文化、美丽宜居等特色小镇。

一、特色小镇的概念

所谓特色小镇，是相对独立于市区，具有明确产业定位、文化内涵、旅游和一定社区功能的发展空间平台。特色小镇"既非简单的以业兴城，也非以城兴业；既非行政概念，也非工业园区概念"，也不是传统的镇、区、园相加的"大拼盘"。它既不同于建制镇、工业园区、经济开发区、旅游区，又不是四者的简单叠加。从根本上而言，它是块状经济转型升级的新业态。从创建条件看，特色小镇有明确的空间规模界定和投资规模要求。在空间规模上，其规划面积一般控制在 3 千米^2 左右，建设面积控制在 1 千米^2 左右；在经济规模上，原则上环保、健康、时尚、高端装备制造四大行业的特色小镇 3 年内要完成 50 亿元的有效投资，信息经济、旅游、金融、历史经典产业等特色小镇 3 年内要完成 30 亿元的有效投资（均不含住宅和商业综合体项目）。此外，在建设标准方面，一般特色小镇要建设成为 3A 级以上景区，旅游产业类特色小镇要按照 5A 级景区标准建设。由此可见，特色小镇是不同于镇或区的新的发展主体。

二、乡村旅游特色小镇发展理念与内容体系设计

（一）突出区域农业特色资源，建设特色品牌

在乡村旅游特色小镇的规划中，应对区域内有代表性的产业进行论证，对原有相关产业进行改造升级，避免大拆大建，造成资源浪费和民众不满。突出以农业为主题的产品开发，尊重地方特色，宜林则林、宜渔则渔。与此同时，设法把新兴产业与农业资源相结合，打造农业支柱产业。只有农业资源被充分开发，才能凸显以农业为主题的特色小镇魅力。

此外，乡土文化中的民俗风情、传说故事、古建遗存、名人传记、村规民约、家族族谱、传统技艺、古树名木等诸多内容都已成为当下火热的旅游项目。以农业为背景产生的乡土文化成为体验生活的旅游内容，也是农业文化传承的重要内容以及乡土情结重现的重要方式。

对农业文化，如传统农民住房，应在升级改造的过程中融入现代文明，开发小镇民宿项目，对于有悠久历史的农业耕作区给予充分保护和生态开发。

（二）升级传统农业企业，推动农业"三产"融合

将市场作为资源配置的决定性因素成为当前经济发展的重大理念转变。在乡村旅游特色小镇的规划中，要充分考虑市场需求，融入农业元素，在绿色、创新、协调、开放、共享五大发展理念的前提下，突出绿色、创新的主题，生产绿色产品，培育绿色高效企业，创新农业生产模式。

积极融入"互联网＋"的浪潮，运用网络大数据、物联网与农业进行深度融合，在农产品生产前期了解市场行情，组织生产和加工。

对于休闲体验型的乡村旅游特色小镇，要立足于区域资源，避免建设雷同，吸引周边农民的参与，营造共赢的模式，赢得特色小镇建设的认同和支持。

同时，发展智慧农业，引领科技农业，探索建立从初级农业发

展到高新农业的全产业链模式，实现传统与现代的协调发展，保持农业发展的多样性以及农业的多功能性，让不同知识层次的农民找到合适的岗位，实现自身价值并创造价值，增加收入，实现发展。

（三）保护和开发农业文化，提升小镇发展活力和魅力

乡村旅游特色小镇在另一个角度也可称为"生态小镇"，生态文明建设已经成为国家五大建设之一。因此，在乡村旅游特色小镇的规划中要保护生态环境，以5A级景区的标准建设，绿地和森林要不低于小镇规划的60％，同时争取建成生态文明示范区；建设农业生态园，展示区域农业生态文化，巧用传统农业技术打造示范园，在宣传农业生态文明的同时创造经济效益，增强发展动力。

保护和开发农业文化，要从当地的传统农业文化入手，建立农业文化展览馆、体验馆等，同时注重对农业多功能性的开发，从农业的经济、生态、社会和文化等多方面功能入手。

在乡村旅游特色小镇建设中应设法稳定社会、发展经济、保护生态、传承文化，使之成为名副其实的以农业为主题的特色小镇，增强其发展活力。

（四）改善居住环境，提高生活质量

乡村旅游特色小镇的规划坚持高标准、高起点的原则，打造宜居小镇。当前，便民高效已然成为城镇建设的重要因素，乡村旅游特色小镇的建设要深刻认识到已建城镇的弊端，从而不断提升建设的合理性和科学性。

建立完备的城市基础设施，包括城市排水系统、交通系统等，各项规划要协调统一。规划中充分考虑民意，让民众参与特色小镇的规划和建设，建设完善配套的设施，建立现代化、人性化的居住环境。

围绕田园城市的理论，建设既传统又现代、既有田野风光又有高新科技的乡村旅游特色小镇，因此，乡村旅游特色小镇的一个重要理念就是要提升居民的生活品质，打造风光无限好的魅力小镇。在落实城乡一体化发展的基础上，还要对行政部门的职能提出要求，管理要跟上新型业态载体变化的需求。

三、特色小镇的构建路径

（一）品牌导向型

当前的区域规划极易出现盲目跟风现象，在没有结合当地特色的情况下，照搬照抄一些特色布局，不仅会影响当地特色发展，也改变了区域原有面貌。因此，乡村旅游特色小镇的规划实施要坚持特色导向，突出当地的品牌产业，以"农"为主题，吸收当前农业最前沿的概念，发展一二三产业相互融合的现代农业新模式和社会化的现代农业，在定位和规划中走在新型城镇化的前头，明确文化内涵与区域功能，挖掘区域文化特色和历史文化底蕴，积极打造特色化的小镇形象和品牌。

（二）传统农业企业升级型

农业是最古老的产业，在各地也早已发展定型，由于各种限制，农业企业很难转型，乡村旅游特色小镇建设为传统特色农业企业的转型带来了机遇。

一是从区域的实际出发，明确传统产业升级困境，运用科学的方法对其进行合理规划，寻找新的消费点和增长点，实现参与式发展；二是运用农业全产业链的理论对农业企业进行转型升级，打造精品，创造新消费点，培育乡村旅游特色小镇的支柱产业，避免全面均衡的建设策略；三是建立完备的考核体系，运用科学的模式和产业发展理论对农业企业转型升级进行事前预测，这样既从源头上把握住了建设的可行性，又在建设过程中保证其良好的发展方向和模式。

（三）优质项目型

在当前去库存、调结构、实现供给侧改革的背景下，定位和发展优质农业特色项目要做到以下几点：一是积极鼓励农业领域创业，大胆引入创业项目，成立农业创业孵化基地，提高创业项目的可行性并减少项目的风险性。二是激励农业创新。乡村旅游特色小镇要营造良好的创新环境，对创新性项目给予资金上的补助，并在政策上提供便利，引进创新合作的科研机构，提高创新成果转化的能力。从引进项目的分类上看，农业休闲体验项目数多于农业高新项目数；从预期产值来看，农业高新项目的产值将会高于休闲体验项目的产值。

（四）企业主导型

发挥市场在资源配置中的决定性作用。在规划前期，政府发挥引导作用，积极实现企业与地方的对接，在小镇自身的需求与企业的诉求方面，双方在前期进行深入了解和洽谈，组织人员进行考察，了解企业规模、性质以及发展目标等，判断是否符合乡村旅游特色小镇的建设。

在小镇具备初步规模之后，将探索以企业为主导的管委会管理模式，真正实现企业主导、政府引导的原则。同时，政府将设立"一站式"的综合行政服务机构，为小镇项目发展提供高效便捷的行政服务。

从现阶段来看，小镇的建设仍处于政府主导的状态，这对于发展的前期规划有重要的作用，是成为市场发展的"助推器"。但从长远角度来看，政府应当让"权"、让利给市场和企业，遵循市场规律，发展乡村旅游特色小镇。

四、乡村旅游特色小镇的构建步骤

（一）基础材料收集与分析

乡村旅游特色小镇的建设要建立在科学分析的基础上，坚持因地制宜的原则，明确现有条件和资源、地方政策、基础设施、用地规模等产业状况，同时，要对人口、文化、习俗等人文状况有清晰的把握，这样才能对区域发展的可能性做出准确而全面的判断。

在此基础上，根据已有的农业规划相关政策以及特色小镇的相关政策，分析当地发展乡村旅游特色小镇的类型和方向，对农业的发展形式和内容给予战略定位。

对基础资料的分析有助于形成乡村旅游特色小镇的指导思想和战略目标，从而顺利进行小镇构建。

（二）功能区规划

在功能区的分布上，要充分考虑当地的民风民俗，原住民的认可度是乡村旅游特色小镇得以建设的基础。同时，明确若干功能区，如景观设计、核心区划定、产业区建设、示范区位置等。规划的影响因素包括现有的地势特点、建设布局、产业关联程度等，应突出特色、体现重点，确定当地乡村旅游特色小镇应发挥的功能和影响。

（三）产业规划

从产业项目的规划和引进上看，农业休闲体验项目与农业高新项目应成为主导；从预期产值来看，农业高新项目的产值将会高于休闲体验项目的产值。应与相关部门签好相关协议，完善初级的基础设施，并在政策上相应帮扶，此外，双方还要签订乡村旅游特色小镇发展协议，承诺共同保护和开发农业资源，共建美丽乡村旅游特色小镇。

同时，形成若干个代表性企业，打造新型农业业态，优化农业结构，突出农业体验项目与农业高新项目的优势。

（四）运行模式规划

乡村旅游特色小镇运用什么样的管理和模式是其成功与否的一大因素。在对各类管理模式进行研究总结的基础上，目前，以政府引导、企业主导的管理模式是较有效率的一种方式。

乡村旅游特色小镇不是传统意义上的行政单位，而是创新、创业平台，因此，要赋予企业更多的管理权和主动权，进而发挥其优质资源及高效管理模式，为乡村旅游特色小镇的发展助力，以点带面，促进乡村旅游特色小镇综合竞争实力的提升。

🔍 案例 3 - 2

深度小镇：良渚文化村，万科的田园实践

良渚因万科而名，万科因良渚而鸣。"良渚文化村传承新田园城镇的规划理念，实践了田园城市、有机疏散、复合功能、

有机生长、都市村落等核心概念，创造了一个具有独特魅力的新田园城镇形态。"自从 2006 年 8 月 15 日郁亮在杭州宣布万科收购并正式控股南都房产之后，一个坐落于杭州市西北端、良渚文化遗址附近，距离武林广场约 20 千米的远郊大盘的命运由此发生了根本改变。

良渚文化村南接主城，东接塘栖，西南接余杭，西北接径山风景区，总占地 12 000 亩，其中山地 5 200 多亩、旅游用地 1 200 多亩、公建用地 680 亩、房产用地 3 400 多亩，规划人口 3 万人左右，由"良渚圣地"博物馆公园、白鹭湾君澜度假酒店、玉鸟流苏文化休闲街区，以及阳光天际、竹径茶语、白鹭郡、七贤郡、劝学里、绿野花雨、金色水岸等多个组团共同构成，是我国第一个多种功能复合的可居、可游、可学、可创业的生活小镇。

它超越了楼盘的概念，以小镇的尺度、步行的时距、主题村落式的布局，成为郊区新镇建设的示范区、田园城市理想与新都市主义的试验场。

一、良渚文化村的规划理念

良渚文化村拥有 5 000 年历史文明，5 000 亩山水资源，5 116 亩建设用地。在 230 万米^{2}的总建筑面积中，规划住宅 180 万米^2，公建 50 万米^2，其中商业 10 余万米^2（图 3-34）。

良渚文化村的核心构架是"二轴二心三区七片"，"二轴"是以文化村东西主干道和滨河道路串联的主题村落，"二心"

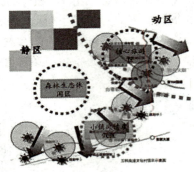

图 3-34　小镇功能分区

是东西分别设旅游中心区和公建中心区，"三区"是分别设立核心旅游区、小镇风情度假区和森林生态休闲区，"七片"是分布在山水之间的主题居住村落。

良渚文化博物馆以及良渚圣地公园构成了良渚文化村的精神内核，良渚国际度假酒店、玉鸟流苏商业街区则充分展现了小镇商业、休闲和娱乐的多元与丰富。

二、城镇级配套设施

在良渚文化村，博大渊博的博物馆、充满创意和人文气息的商业街区、条件优越的社区医院以及完善的教育系统、游山步道、各类公园等，共同构成了文化村的城镇级配套，六大配套系统的建立使项目属性发生转变。

（一）文化设施

1. 良渚文化博物馆 良渚文化博物院是其标志性建筑，构成了良渚文化村的精神内核。由世界级建筑大师戴卫·奇普菲尔德设计的良渚博物院以"一把玉锥散落地面"为设计理念，由不完全平行的四个长条形建筑组成高低错落有致、内部相互联通的空间形态，曾获"中国最佳公共建筑奖"第一名。院内还设计了3个天井式主题庭院，庭院周围的美人靠以及源自玉琮、玉璧等理念的建筑小品体现了中国园林建筑元素（图3-35，图3-36）。

图3-35 万科良渚文化村——博物馆外景

图 3-36　万科良渚文化村——博物馆内景

2. 美丽洲堂　美丽洲堂亦是其标志性建筑，构成了良渚文化村的精神内核（图 3-37）。

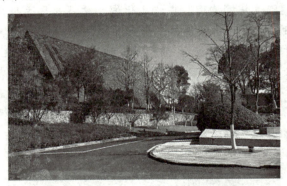

图 3-37　美丽洲堂

3. 良渚文化艺术中心　良渚文化艺术中心是良渚文化村又一世界级建筑大师的作品，是小镇的艺术殿堂。

艺术中心的建筑部分十分简单，大屋顶下盖着 3 条方盒子，每个盒子承载不同的功能。其特别之处就在于用十分简单的造型创造了丰富的空间，并且引入自然界的抽象元素，使空间体验变得独特而富有感染力。

在艺术中心中，屋顶的采光窗、延伸至屋面下水面和水岸边的樱花道打破了清水混凝土的封闭印象，光、水、樱花这3个元素非常融洽地融入了建筑内部（图3-38）。

图3-38 良渚文化艺术中心

4. 大雄寺 大雄寺由万科投资建设，它将佛教文化与良渚文化、旅游资源相结合，带动当地旅游产业的发展（图3-39）。

图3-39 大雄寺

（二）商业配套

1. 春漫里 春漫里集成了会所、超市、餐饮楼、商业街、小广场、精装修酒店式服务私邸、幼儿园等功能空间，拥有齐全的品质生活配套设施。公望会会所位于春漫里入口广场北侧，是已落成会所中面积最大、配置最全的一个，可满足业务社交、聚会等多种需求（图3-40）。

图3-40　春漫里

2. 玉鸟流苏　玉鸟流苏是由名家设计的全国唯一的乡村创意聚落，其前期功能依然是以满足居住的配套功能为主。此外，玉鸟流苏商业街还有良渚食街（图3-41）、玉鸟菜市场（图3-42）等。

图3-41　良渚食街

图 3-42 玉鸟菜市场

（三）休闲设施

1. 白鹭湾君澜度假酒店 白鹭湾君澜度假酒店是良渚文化村的前期核心配套，其对项目的带动作用明显，具体影响从酒店签约阶段起即开始显现（图 3-43）。

图 3-43 白鹭湾君澜度假酒店

酒店整体设计古朴典雅，气势宏伟，临湖而建的庭院式建筑主体分为连绵而成的 10 个区，环绕在丘陵绿地和湿地湖泊之中，营造出人文与自然生态景观融合的氛围，为来自世界各地的尊客提供高品质的休闲度假享受。

2. 亲子农庄　亲子农庄位于安吉路良渚实验学校附近，占地 20 余亩，是以亲子教育理念打造的新型配套设施，在此可体验到农家乐趣。农庄专为良渚文化村业主服务，使业主有体验乡村、闻闻泥土的香味、让孩子体验田间劳动的童真乐趣，可培养孩子热爱劳动、认真负责的优良品质，使家长与孩子的亲子关系更加融洽（图 3-44）。

图 3-44　亲子农庄

（四）人文配套

良渚在配套成熟的同时，推出村民公约，构建和谐小镇，创建大家认可的社区文化，实现价值的不断提升。

1. 村民公约　村民公约由万科主导发起，每一条公约都是业主写的，回收率达 93%，然后再进行多轮筛选，最后选中 26 条。村民公约倡导垃圾分类、邻里见面问候、行车不按喇叭等文明行为，成为万科"三好"（好房子、好服务、好邻居）的标杆（图 3-45）。

图 3-45　村民公约

2. 村民卡　良渚在社区配套生活逐步成熟的同时，推出了村民卡，在为村民提供便利的同时让其找到归属感。使用"村民卡"可在万科·良渚文化村内享受 28 个消费网点不同程度的折扣优惠，基本上涵盖了万科·良渚文化村的所有商业设施（图 3-46，图 3-47）。

图 3-46　村民卡

图 3-47　村民食堂

3. 交通设施

在园区内部的交通设施方面，除了常规的道路等交通基础设施以外，还根据便民和旅游的需要打造了公共自行车和游览车等特色项目（图 3-48）。

资料来源：徐迅雷. 让社区更具文化魅力［N］. 杭州日报，2018-09-26（4）.

图 3-48　特色交通设施

▶ **案例分析：**

1. 特色小镇建设中的特色体现在哪里？
2. 如何平衡特色小镇中文化和商业设施的建设？

第四章 | CHAPTER 4
乡村旅游市场营销创新

第一节 乡村旅游客源市场概述

一、市场营销

市场营销是一个不可忽视的重要概念，业界往往将其与"销售"混淆，实际上，二者是有本质区别的。市场营销的概念一直与时俱进，其内涵不断创新，定义的着眼点有不断扩大的趋势。营销大师科特勒于 1984 年给出的市场营销定义是"企业识别目前尚未满足的需要和欲望，估量和确定需求量的大小，选择本企业能最好地为其服务的目标市场，并决定适当的产品、服务和计划，以便为目标市场服务。"到 1997 年，科特勒又重新将其定义为"通过创造与交换产品及价值，从而使个人或群体满足欲望及需要的社会过程和管理过程"。美国市场营销协会也给出了市场营销的定义，并且与时俱进，最近（2013 年）的定义是"在创造产品、沟通过程、传播及交换产品的过程中，能够为顾客和合作伙伴及整个社会带来价值的所有活动和过程。"不管是哪一个定义，都可以从中看出，市场营销所涵盖的深度和广度远远超过"销售"，市场营销是站在经营的高度来把握销售的，从产品的开发、宣传推广到售后服务，最终到处理投诉反馈，从消费者需求的发现、发掘到引领和创造，无不贯穿着市场营销。

二、乡村旅游市场营销

乡村旅游市场营销绝不等于乡村旅游与市场营销的简单相加，

它有自己的鲜明特性。

（一）乡村旅游市场营销的地位空前重要

乡村旅游升级一个重要的方面就是产品升级，但由于乡村旅游消费需求的多样性，在实践中，乡村旅游产品具有非常大的弹性。在档次上，既可以非常高端，也可以非常原始，即便一个非常原始、非常简单的产品，也会有许多消费者喜欢。游客甚至会说，我们要的就是这种感觉。换句话说，相对于景区旅游和城市旅游，乡村旅游的产品门槛要低很多，只要不坑害消费者，什么产品都会有人喜欢。现如今，城市周边日益蓬勃发展的数量众多的乡村旅游景区让人选择困难，在这种情况下，市场营销显得空前重要。

（二）乡村旅游市场营销的范围无限宽广

乡村旅游往往不能以某一个农家乐、某一个农庄或村落作为营销范围，甚至不能只以旅游产品作为营销范围，乡村旅游卖的不仅限于旅游产品，而是无所不包的。从大的方面来讲，乡村旅游其实是在营销整个乡村环境，包括自然环境和人文环境，青山绿水、民俗风情，乃至清风明月，皆为乡村旅游产品的组成部分；从小的方面来讲，农副特产、手工艺品，乃至一切工农业产品，无不包含在乡村旅游市场营销的范围之内。

（三）乡村旅游市场营销的主体变得模糊

在现代乡村旅游市场营销中，不仅政府、企业、协会是主体，居民和消费者也是重要的主体，甚至是更重要的营销主体。在网络时代，人们通过各种社交媒体、自媒体对体验进行分享与讨论，这其中所爆发出来的巨大能量，任何经营方都可望而不可即。

第二节　乡村旅游市场分析

一、乡村旅游市场的含义

乡村旅游市场的概念有广义和狭义之分。广义的乡村旅游市场是指在旅游产品交换过程中反映的各种经济行为和经济关系的总和。狭义的乡村旅游市场是指在一定时间、一定地点对乡村旅游产品具有支付能力的购买者。从这个意义上说，乡村旅游市场就是旅游需求市场或旅游客源市场。

二、乡村旅游市场要素

从乡村旅游市场的概念来看，乡村旅游市场是由人口、购买力和购买欲望 3 个因素构成的，缺少其中任何一个要素都无法形成旅游市场。可以用下面的公式来表示旅游市场和这 3 个要素的关系：

$$旅游市场＝人口×购买力×购买欲望$$

（一）人口

人口是构成旅游市场的基本要素，只有存在旅游者，才能产生对于乡村旅游活动中的行、住、食、游、娱、购等各种需求，从而构成市场。人口因素又包括以下几个方面：

1. 总人数　人口因素对市场的影响首先是由人的生理需要引起的。一个国家或地区的总人口多，需要的各种消费就多；总人口少，吃、穿、住、用等各种基本消费就少。同时，人口的变化不仅会引起对基本生活资料需求的变化，也会影响诸如旅游之类的非基本生活资料需求的变化。如果乡村旅游景区周边的城市人口较多，相对来说，参加旅游的绝对人数就多，产生旅游需求的潜在市场也就越大。这一点对乡村旅游目的地国家或地区在旅游目标市场的选择上尤为重要。

2. 人口的地理分布　世界各国的人口分布极不均匀，一个国家不同地区的人口分布差异也很大，并且在不断变化。人口的地理分布与市场需求有直接联系，一个国家或地区的都市化程度越高，对于乡村旅游产品的需求也越大。在游客构成中，大城市居民出游的比例总是高于中小城市和乡村，同时，由于游客的地域不同，对饮食、住宿、娱乐的要求也不尽相同。这也是选择客源市场、提供适销对路的产品时需要着重考虑的问题。

3. 人口的年龄构成　年龄不同，个人消费结构不同，对乡村旅游产品需求的程度不同，旅游目的、旅游时间、交通工具和对住宿条件的要求也不同。年龄在 15～30 岁的青年人一般还在上学或刚参加工作不久，虽然有寒暑假，有充足的闲暇时间，但他们没有固定收入或收入不多，尽管渴望外出旅游，但受经济条件的限制很大，因此，这部分市场的长途旅游需求潜力不是很大，价格相对实惠的乡村旅游对其有很大吸引力；年龄在 30～60 岁的中年人虽然有工资收入和带薪假日，但他们中的大多数人"上有老下有小"，长途旅游往往受到一定限制，如果有合适的乡村旅游产品，也能吸引其前往消费；而随着时代的进步，老年人旅游市场日益壮大起来，越来越受到乡村旅游企业的重视。世界市场在人口、年龄结构上的一个显著趋势是平均年龄在增长，老年人市场在扩大。年龄的差别不仅使消费者对商品的需求不同，而且对同一商品的接受程度和享受标准也不相同，因而形成了以年龄为标志的各具特色的市场。

4. 职业与文化水平 一个人的职业在很大程度上决定了其社会地位、收入水平、闲暇时间及工作性质和生活经历。游客的职业不同、社会地位不同，在旅游过程中会选择与其地位相符的各项产品或服务，因而，乡村旅游企业不应总是提供"吃农家饭、住农家炕、采农家果"的低端产品，而应供应不同层次的产品，以满足不同游客的需求。收入高的游客可自由支配的收入多，旅游消费也随之增加。不同职业的人由于工作性质和出游动机不同，所选择的产品也不同。工作繁忙、交往频繁、工作压力大的职业者往往选择放松型的乡村旅游，此类购买行为自由度大。

文化水平与职业性质一般是一致的，文化水平越高，职业层次越高。不同文化水平和不同职业的人对乡村旅游商品品种、式样、色彩、包装档次的要求不同，购买行为也不同。通常，受教育程度越高的人了解乡村文化的愿望越强烈，乡村旅游的需求就越大，不同职业的人因旅游机会和频率不同，在乡村旅游活动过程中的消费也不尽相同。

(二) 购买力

购买力是指人们支付货币购买商品或劳务的能力。消费者的购买力是由消费者的收入水平决定的，消费者的收入水平主要有以下两个指标：

1. 人均国民收入　人均国民收入的多少标志着一个国家或地区人民生活水平和购买力的高低。一般来说，在人均收入较低的时候，人们的收入主要用于购买基本的生活必需品以维持生存，随着人均收入水平的提高，人们的消费需求在满足基本生活需要的基础上会逐渐向满足娱乐享受方面转化。如今，旅游已由少数人的一种反映特权或某种目的的活动转变成大多数人发展满足需要和享受需要的活动，进而成为大众生活中的一种普遍需要。因此，在人均收入水平较高的国家或地区，用于旅游的开支在个人消费总额中所占的比例越来越大。

此外，人们消费结构的变化情况对于确定旅游企业的经营方向与规模关系极大，不同的收入水平要求社会提供多种规格和档次的乡村旅游产品，要高、中、低档并存，以满足不同收入者的需求。乡村旅游线路的价格、酒店客房房价等都要按照标准分为几个档次，以满足各个消费层次旅游者的需要。

2. 人均个人收入　个人的收入水平对消费品市场的总量和构成有着很大影响。消费者的收入可分为总收入、可供支配收入和可自由支配收入3个层次。总收入是指消费者每月所得的货币收入，包括工资和工资以外的其他收入，从总收入中扣除个人直接负担的支出部分（如税款），余下的就是可供支配收入。在可支配收入之中，扣除生活必须费用，余下的就为可自由支配收入。可自由支配收入既可以用于储蓄，也可以用来购买商品，可随着消费者的兴趣、爱好任意支配，如购买旅游产品或其他高档消费品等，多用于满足人们高层次的精神需求。一个人的可自由支配收入越高，参与旅游活动的可能性越大，因此，一个国家或地区的人均可自由支配收入是产生旅游需求的前提。

（三）购买欲望

购买欲望是指消费者购买商品的动机、欲望或要求，它是由消费者的生理需要和心理需要引起的。购买欲望是消费者把潜在购买力变为现实购买力的重要条件，因而也是构成市场的基本要素。具体到旅游市场来说，购买旅游产品的欲望是一种主观愿望，是驱使人们进行旅游活动的动因。

消费者的需要包括生理上的需要和心理上的需要两大部分，旅游产品作为一个整体，主要是满足心理上的需求。在旅游活动过程中，旅游企业经营者也会向旅游者提供能够满足其生理需要的食、住、行等单项服务，但由于人们的个性、兴趣、爱好和所处环境各异，因此在同样具有经济实力和余暇时间的情况下，是否具有这种购买旅游产品的欲望也各不相同。

三、旅游市场细分

旅游市场细分是指乡村旅游企业根据游客群体之间的不同旅游需求，把旅游市场划分为若干个分市场，从中选择自己的目标市场的方法。细分市场的常用方法是从分析消费者的两个主要区别入手，即消费者的社会属性和生理特征的区别与消费者对市场营销因素反应的区别。前者包括消费者的社会经济细分、地理细分和心理细分；后者包括消费者对产品的偏好、追求的利益，以及对广告、宣传、价格和销售渠道的信任程度等。常见的旅游市场细分方法有如下几种：

（一）按地理环境细分

根据地理因素细分市场是一种传统的、至今仍然得到普遍重视的细分方法，这种细分方法比较简单易行，且资料容易得到。乡村旅游企业的接待对象主要来自周边省市，这就要求旅游企业必须了解游客的地理分布，因为各个地区的游客对乡村旅游产品和服务的需求具有很大的差别性。因此，了解一个国家和地区的地理环境对选择乡村旅游市场起着重要的作用。地理细分因素包括地区、气候、环境、人口密度及城市规模等。

1. 按地区细分 地区变量是细分乡村旅游市场最基本的变量，由于其主要市场来自于城市，按照商业资源集聚度、城市枢纽性、城市人活跃度、生活方式多样性和未来可塑性5个维度评估中国城市的商业魅力，可分为一线、新一线、二线、三线、四线及五线城市。

2. 按气候因素细分　在构成自然资源的重要因素中，地形地貌与气候起主导作用，往往以气候为主导因素的自然旅游资源是最具有吸引力的。我国北方冬季寒冷，而南方广东、福建、海南等地冬季天气良好、气候温和，很适宜北方旅游者冬季去旅游；反之，江南一带冬季少冰雪，严寒北方的冰雕和冰上运动吸引着南方的广大旅游者，黑龙江的"冰雪节"和"中国雪乡"、吉林的"雾凇节"都以其独特的北国风光成为颇具魅力的吸引源。此外，内蒙古草原、西北荒漠、偏远山区、广阔的水面这些独特的乡村风光也会引起久居城市的旅游者的兴趣。

3. 按人口密度和都市化程度细分　不同地区的人口密度悬殊，有的地区虽然地域辽阔，但人口数量少，乡村旅游发展受到人口密度的限制；而像北上广等一线城市人口众多、人口密度大。我国人口分布不仅极不均匀，而且还在不断变化，总的来讲，人口地区分布出现的一个重要变化是乡村人口逐步向工业化地区和都市转移，2017 年中国城镇化率达到 57.35%。

（二）按人口结构特点细分

按人口结构特点细分是市场细分中最流行的方法，既直接又十分有效。其分析变量非常明确，包括性别、年龄、职业、收入、家庭年龄结构、家庭人数、种族、宗教、国籍、受教育程度及文化与血缘关系等，旅游者的需求与爱好往往同这些因素有密切的关系。

1. 年龄和生命周期　不同年龄段的人对旅游内容、旅游价格、旅游时间以及旅游方式等有很明显的需求区别，随着年龄的增长，需求也不断发生变化。因此，可根据游客的年龄结构将旅游市场细分为老年市场、成年市场、青年市场和儿童旅游市场。

2. 家庭结构与家庭生命周期　家庭是社会的细胞，也是消费的基本单位。一般说来，没有小孩的家庭进行长途旅游活动的可能性更大，旅游费用也较高。经济发达国家新婚夫妇常进行蜜月旅行，而小孩年龄大于 15 岁的家庭比小于 15 岁的家庭外出旅游的机会更多，有子女的家庭在选择旅游目的地、活动内容和旅游时间上则多考虑子女的偏好。旅游企业可根据各种家庭对旅游的不同需求来细分市场。

3. 按性别细分　　不同性别对旅游的需求不同，可细分为男性旅游市场和女性旅游市场。男性旅游者与女性旅游者对旅游服务和项目的需求表现出一定的差别。公务旅游以男性为主，家庭休息时间也一般由男性决定，但家庭旅游决策和目的地的选择常由女性决定。

4. 按社会阶层及文化程度细分　　人们的社会地位、职业和受教育程度不同，在旅游产品需求上也各有特色。旅游是较高层次的精神消费活动，参与旅游活动，客观上要求旅游消费者具有一定的社会地位、经济收入和文化水平。随着人们生活水平的不断提升，旅游需求与日俱增，同时需求内容也在不断改变。现代旅游包括各个阶层的人们，豪华民宿旅游为富豪绅士提供高消费的乡村旅游产品，经济型乡村旅游则为满足一般旅游者的需求服务。

（三）按旅游者心理行为细分

心理行为属于消费者主观心态所导致的行为，比较复杂难测。从心理行为进行细分时，主要从旅游者的个性特征、生活方式等方面去分析。生活方式是人们在所处社会环境中逐渐形成的，按生活方式细分市场主要是根据人们的习惯活动、消费倾向、对周围事物的看法以及人们所处的生活周期来划分的。人们生活方式的不同必然带来需求的差异，把生活方式相似的旅游者作为一个市场群体，有计划地提供该市场所需求的产品和服务，对于有针对性地满足顾客需要、扩大企业的市场占有率非常重要。

（四）按购买行为细分

购买行为包括动机、购买状态、购买频率、品牌信赖程度、服务敏感程度及广告敏感程度等。

1. 按旅游目的细分　　以旅游目的来细分市场是一种非常基本的方法，它为旅游产品的开发设计和营销组合的制定提供了主要依据，由此可以确定旅游产品的主要类别。按旅游目的细分主要可以分为观光旅游市场、商务旅游市场、度假旅游市场、奖励旅游市场、探亲访友旅游市场、体育旅游市场、文艺旅游市场等。

2. 按购买时间和方式细分 由于旅游活动的时间性、季节性非常突出，按购买时间可划分为旺季、淡季及平季旅游市场，还可以分出寒暑假市场以及节假日市场（如春节、元旦、"五一""十一"等）。购买方式是指旅游者购买旅游产品过程的组织形式和所通过的渠道，可分为团体旅游市场和散客旅游市场，其中散客旅游市场已发展成为乡村旅游市场的主体。

3. 按购买数量和频率细分 按旅游者购买旅游产品的数量和频率特征来细分，可分为较少旅游者、多次旅游者和经常旅游者。通过分析细分市场可以发现形成旅游者购买数量差异的深层次原因。

4. 按消费者所追求的利益细分 市场学家认为，结合旅游者消费某种产品和服务时所追求的利益来细分市场，更有助于确定企业的经营方向。地位追求者在购买旅游产品时考虑其能否提高自己的声望；时髦人士参加旅游是为了顺应潮流、赶时髦；思想保守者则偏爱信任大型、有名望的企业及其所提供的产品；理想强的人则追求经济、价值等方面的利益，他们讲究效用，关心是否合算；不随俗者特别关心自我形象；享乐主义者主要考虑感官上的利益。企业应根据消费者所追求的利益细分市场，采取适应现有细分市场需求的营销策略。

同一细分市场上的需求在不同的情况下有时差异很大，如高级管理人员在参加重要会议或洽谈业务时所需要的设备设施和服务与其作为家庭度假旅游一员所需要的截然不同，因此，企业对这种追求不同利益的同一细分市场中的顾客也要采取不同的经营对策。

第三节　乡村旅游营销创新

当前的营销环境和创新的全民营销体系是乡村旅游全面提升的

基础。有了这个基础，可以运用相关理论作指导，从理念、战略、产品、形象、传播、管理 6 个方面，对乡村旅游市场营销提出创新策略。

一、营销理念创新

所谓理念，是人们对事物的理性认识。理念是行动的指南，有什么样的理念就会有什么样的行动。现在学界和业界对发展乡村旅游的理念有许多提法，比较多见而又新颖的理念有全域旅游理念、智慧旅游理念、慢生活旅游理念等。但发展乡村旅游的理念大可不必赶时髦，归根结底最本质的一条就是要使乡村旅游目的地成为游客的身心休憩之地，使其找到"心灵的归宿"，回归乡愁。要让游客到了这里后，内心就能够静下来。在乡村旅游产品的开发上，应该特别注重将儒家文化、民俗文化、宗教文化以及当地特色文化深度融合，并加以创新，不仅要得其形，更要得其神，这样才能挖掘出让游客心灵得以安宁的乡村旅游产品。

🔍案例 4 - 1

乡伴原舍树蛙部落
——东半球最有趣的树屋民宿

树蛙部落是浙江省古村落保护利用基金投资的首个项目，位于浙江省余姚市鹿亭乡中村四明山麓一个小山村内。这里群山环绕，林木茂盛，还生活着濒危动物——树蛙。树蛙对生存环境的要求极高，它所到之处，生态一定是最好的（图 4 - 1）。

树蛙部落在建造过程中借鉴了不少当地的做法，通过全原木材质拉近与森林的距离，屋下同时还提供了独立的田园空间。树屋部落采用环保的材料、灵活的方式建造，避开这里

图 4-1　树蛙三角屋

的古树、溪流与原始的次森林，每个房型都充满几何艺术之美（图 4-2）。

图 4-2　树蛙部落

树蛙部落中最具艺术感与曲线美感的是一栋高约 8 米的鸟巢 Loft，在四明山晴朗的夜晚，躺在这样的弧形屋顶上，目光可触及远方的满天繁星（图 4-3）。

图4-3　树蛙部落穹顶屋—"长在树上的房子"

树屋是多少人小时候的梦想啊，现在乡伴设计师带着这份童心实现了这个梦想。树蛙部落把"月亮"挂在树梢上，整个球形屋都是用轻钢结构搭建而成的，树蛙穹顶屋成了这里的精神地标，也是一间独具特色的亲子空间（图4-4）。

图4-4　树屋内景

资料来源：邱玉洁．乡村民宿迎来2.0时代"原舍树蛙部落"落户浙江余姚市．http：//zjnews.china.com.cn/yuan-chuan/2017－04－01/122894.html，2017－04－01.

▶ **案例分析：**

1. "原舍树蛙部落"这一乡村旅游项目的营销理念创新体现在哪里？

2. 以这个项目为例，谈谈应如何对不同年龄的人群进行营销理念创新。

二、营销战略创新

当前，国内乡村旅游前一阶段的市场营销战略是主攻国内城市客源市场，下一阶段要有一个提升，有条件的地区应努力打造"世界乡村旅游目的地"，与国际一流乡村旅游度假区发展水平持平。最美乡村不仅是中国的，也是世界的。未来北京等大城市周边的乡村旅游市场营销的重点应该放在入境客源市场和高端客源市场。可以说，我国许多乡村旅游资源绝不亚于法国的波尔多、美国的纳帕溪谷等地区，随着市场的开放和交通的便利，境外游客到中国城市旅游后，再去一趟周边的乡村，在交通上没有任何问题，关键就看哪里的魅力大，哪里的宣传推广妙。所以，在北京、上海等国际化大都市周边，应选择一些高水平的乡村旅游景区，进行精准战略规划，打造"世界乡村旅游目的地"，从而带动我国乡村旅游整体层次的提高。

挺进国际客源市场和高端客源市场不但不会冲击已有的中低端市场，反而会对其起到一定的推动作用，因为高端客源对市场有着很强的引领作用。此外，主攻高端客源也不是放弃中低端客源，而是进一步实施市场细分、目标市场和市场定位（STP）战略，统筹兼顾。营销大师科特勒认为"目标市场的营销，能够在几个不同的水平上实行。"只有充分了解市场，才能更好地对市场进行精确细分。现在很多乡村旅游经营者实际上只是简单地按消费水平对游客加以区分，这是不科学的，还可能引发游客的逆反心理。不同的游客有不同的心理需求，同一个游客在不同的时间段也会有不同的心理需求。乡村旅游经营方应该通过认真的市场调研，准确掌握游客的心理需求，然后针对不同的心理需求群体，对市场加以分割，且在产品的建设或改进阶段，就应将市场细分的观念落实到位。这样打造的乡村旅游产品，自然会有精确的定位和明确的目标市场。

🔍 **案例 4 - 2**

北京张裕爱斐堡国际酒庄

张裕爱斐堡国际酒庄位于北京市密云区巨各庄镇，是由烟台张裕集团融合美国、意大利、葡萄牙等多国资本建成的。酒庄占地 1 500 余亩，投资 7 亿余元，于 2007 年 6 月全力打造完成。爱斐堡聘请前国际葡萄与葡萄酒局（OIV）主席罗伯特·丁罗特先生为酒庄名誉庄主，参照 OIV 对全球顶级酒庄设定的标准体系，在全球首创了爱斐堡"四位一体"的经营模式，即在原有葡萄种植及葡萄酒酿造基础上，配备葡萄酒主题旅游、专业品鉴培训、休闲度假三大创新功能，开启了中国酒庄新时代。酒庄内设有多个欧式建筑，让人回味无穷，同时它也是旅游业的四星级景点。爱斐堡呈欧式风格，拥有法桐大道、鲜食葡萄采摘园、哥特式城堡、地下大酒窖、欧洲小镇、张裕百年历史博物馆以及山水景观休闲区，其重点分区包括：

1. 地下酒窖　地下酒窖位于酒庄主楼地下一层，顺着螺旋楼梯下到地下，便是爱斐堡的大酒窖。这里四季恒温，走进地下大酒窖仿佛置身于中世纪欧洲地下城堡。酒窖门口的盔甲守卫、酒窖内气势恢宏的数不清的橡木桶、古典主义风格的厚重石柱、到处飘散的酒香余韵都颇具特色。

酒窖还为贵宾提供了专用品酒室，让游客拥有更高层次的品酒享受。在这里，游客可以从橡木桶中取酒，自己敲锤封帽、贴上酒标、签上名字，灌装一瓶 100 毫升的白兰地自灌酒，在弥漫四周浓郁的酒香中，感受作为酿酒师的独特乐趣；还可以亲手制作酒标，进入灌装区见证自己葡萄酒的灌装过程，打造专属的私人订制葡萄酒。很多明星都在这里有私人酒窖，他们都喜欢这里美味的葡萄酒。

2. 品鉴中心　爱斐堡红酒品鉴中心位于爱斐堡酒庄三楼，由爱斐堡酒庄名誉庄主、OIV 名誉总裁罗伯特·丁洛特先生担任主席。品酒室准备了爱斐堡系列干红、珍藏级干白、冰酒、解百纳、白兰地、起泡酒等几十款葡萄酒供游客品尝，游客可根据喜好进行选择，在专业品酒师的讲解中，按照观色、闻香、品尝等多个环节全方位感受葡萄酒的魅力。

3. 葡萄酒小镇　张裕爱斐堡葡萄酒小镇以及周边优美的田园风光完全是按照法国凡尔赛宫附近村镇 1∶1 比例建造的，小镇的每个细节都淋漓尽致地展现了经典欧式风格。这里咖啡厅、西餐厅、教堂一应俱全，甚至连酒店都是欧式的风格。进入其中，甚至让人怀疑是否穿越时空，置身于欧洲的小镇。这一切都诠释着张裕爱斐堡"国际酒庄新领袖"的气韵。

4. 葡萄园　爱斐堡拥有专属葡萄园 20 公顷，栽种着优质的酿酒葡萄品种赤霞珠、梅露辄、蛇龙珠、霞多丽等，这里紧邻密云水库，为山坡地势，阳光充足，地质疏松、透气性好，土壤为富含石灰质的砾石土壤，使这里的每一株葡萄树都能得到充分的阳光与营养。

酒庄从每年春季开始，就会开展多种好玩有趣的葡萄种植采摘活动。春季有鲜食葡萄树认养；夏季葡萄成熟后，举办葡萄采摘节，几十种鲜食葡萄任由游客采摘，让游客充分体验"快乐果农"的农耕及收获喜悦。

5. 影视拍摄和婚纱摄影　这里绝美的欧式田园风备受导演和明星的青睐。成龙的好莱坞大片《绝地逃亡》，电视剧《咱们结婚吧》《东方战场》，电影《宝贝当家》以及综艺《奔跑吧，兄弟》《挑战者联盟》等都曾在酒庄或酒窖内取景。

▶ 案例分析：

1. 张裕爱斐堡酒庄如何打造高水平的乡村旅游目的地？
2. 我国传统乡村旅游目的地应如何向国外旅游者进行营销？

三、产品创新

从营销的角度来谈乡村旅游产品创新，就是要将市场的理念灌输到产品建设中，杜绝开发脱离市场的乡村旅游产品。产品创新最好的办法是让消费者提前参与到产品建设中来。过去，产品的可行性论证和建设完全是经营者的事，只有乡村旅游产品成型、投入运营后，才会在试营期间让消费者提意见。从营销的角度来看，这不是高明的营销，况且，产品已经定型，不可能有大的改动，消费者的作用很难发挥出来，他们的意见无论对错，往往都成了摆设。当今乡村旅游营销的精髓在于体验，消费者可以提前参与体验，在产品设计的构思阶段，经营者就发动消费者进行充分讨论，产品建设启动后，更要不断地吸收消费者的良好建议，不断修正、完善原有设计方案。这么做的理由有两个：其一，只有充分吸收消费者的建议，进而超越消费者思路，开发能够打动消费者的产品，才能受到消费者的欢迎；其二，这一系列消费者参与的过程也是一种绝佳的营销。

在宏观上，对乡村旅游的具体产品，宏观监管者不应该管得过细，在风格上应尽量做到"百花齐放"，但在质量上要有最低标准，没有达到这个底线，就不能入市，不能接待游客。在服务上，过于功利化是目前乡村旅游的通病，这是目光短浅的表现。无论乡村旅游产品如何创新，其目的都是要使农业园区"不是家园，胜似家园"。

🔍 案例 4-3

藜麦景观田绽放京郊

人民网北京 10 月 9 日电 "赏秋无须恋红叶，京郊藜麦俏田野"，记者走进延庆区永宁镇南山健源农业生态园，看到玫红色、橘红色的藜麦穗迎风舞动，红红火火透着丰收的喜悦，这是北京市农业局农业技术推广站经多年品种比较筛选出的优质藜麦——"红藜"（图4-5）。

图4-5　藜麦景观

　　记者了解到，为调整种植结构，解决粮经作物品种单一的问题，北京市农业局农业技术推广站自2015年陆续从山西、内蒙古、甘肃、青海等地引种藜麦资源，在京郊，包括延庆、昌平、怀柔、门头沟等山区、浅山区种植。2015—2018年累计示范73.33公顷，经适应性比较发现，"红藜"品系综合抗性、景观性、丰产性最好。据了解，"红藜"蛋白质含量极为丰富，达到19.6%～20.0%，矿物质和氨基酸含量也较其他藜麦品种略胜一筹。该品系生育期150天左右，观赏期从8月中下旬持续到收获前，长达40天左右，麦穗下垂，颜色鲜艳，高抗倒伏、叶斑病、笋霉茎腐病，适合作为粮食、景观兼用作物。"红藜"的加工产品主要有蛋白粉、藜麦苗、藜麦包子、藜麦汉堡等。

　　延庆区刘斌堡乡下虎叫村第一书记程宝林介绍说，该村在2017年试种了10亩白藜——"陇藜1号"，平均每亩产100千克，效益2 000～3 000元，是种植普通玉米的2～3倍。2018年又种植了蛋白质含量高、景观效果更好的"红藜"，预计每亩产量在150千克以上，吸引了众多游客驻足，带动当地休闲旅游业的发展（图4-6）。

图4-6 藜 麦

北京市农业技术推广站高级农艺师梅丽介绍，明年将以"红藜"为主栽品种，加大在延庆四海、刘斌堡等低收入村的示范推广力度，带动困难农户增收致富。同时，自主选育适合北京地区种植的耐高温高湿、抗倒伏新品种，进行搭配种植。积极探索"政府＋企业＋农户"一条龙服务方式，为企业和农户搭建生产销售平台，解决农户种植藜麦的后顾之忧，积极与科研单位合作，丰富"红藜"研发产品，为市民提供优质保健食品。

资料来源：柯南雁. 藜麦景观田绽放京郊［N］. 北京晚报，2018－10－09.

▶ 案例分析：

1. 传统农业如何在乡村旅游发展中升级创新？

2. 乡村旅游产品设计如何紧追市场需求？

四、营销形象创新

今天，信息高度发达，以互联网为基础，几乎融合了全部的传统媒体，延伸出形形色色的终端，且各终端之间有着强烈的互动，共同形成"网络"。网络时代的旅游形象及其传播完全不同于过去，有着十分鲜明的网络特征，网络就像一枚无形的大透镜，旅游形象就是旅游地这个"物"通过网络这面大透镜投影在网友心目中的"像"。"物"既包括有形的，如自然景观、人文景观等，也包括无形的，如服务、口碑等。乡村旅游地想要塑造的形象（目标）和实际形成的形象（效果）及网友感知的形象（镜像），都不是也不可能一样的。旅游地在通过网络投影成像的过程中受到诸多因素的干扰，有时候干扰力度很大，实际形成的形象可能会与建设者的初衷相去甚远。这个"像"是不断变化的，变化速度比以前任何时候都要快得多，而且飘忽不定，难以把握。

黄山，至少经历了千年积淀，方形成"黄山归来不看岳"之形象；张家界，借助"阿凡达"电影和其他现代传播手段，不到 10 年就在人们心目中树立起"奇险化美"之形象；大堡礁，依托"互联网＋"创意，"最好的工作"使其一夜之间明艳全球。网络正在快速而又深刻地改变世界、改变旅游、改变旅游地形象的传播，旅游形象的塑造越来越迅速，成败皆可能在旦夕之间。

对中国乡村旅游目的地来讲，其美的内涵不能一成不变，其美的形象代言人或物也不能一成不变，而应该紧扣时代的脉搏，不断更新。乡村旅游形象的提升不可能一劳永逸，昨天是千年古村，今天是油菜花，明天也许是诗酒田园新隐士，也许是耕读传家新农民，究竟选什么，还是要问消费者。

🔍 案例 4-4

婺源：中国最美的乡村

婺源旅游历经 10 多年的发展，从零起步、从无到有、从小到大，成为首个国家级乡村旅游度假实验区和全国旅游标准化示范县。三年来，该县不满足于传统的观光旅游与门票经济，加快推进由门票经济向产业经济、由资源竞争向文化竞争、由观光游向休闲度假游的"三个转变"。婺源还审时度势、自我加压，力争通过8年左右的时间，打造"产业融合、旅游景区、旅游服务、旅游文化、旅游品牌、旅游富民"全国六个第一的"中国旅游第一县"。为大手笔做好旅游转型文章，婺源投资几十亿元打造篁岭民俗文化影视村、丛溪庄园、锦绣画廊乡村休闲自行车道等休闲、度假、康体旅游项目；斥资2亿多元提升景区软硬件水平，将江湾景区打造成徽文化大观园；投入上亿元对旅游城市形象进行高品位设计等。同时聘请专家修编导游词，招聘中、英、日、韩等语种导游，加强宾馆、农家乐等从业人员的管理培训，健全游客投诉反应处理机制，大大提升了旅游服务水平。

2014年，随着篁岭、五龙源漂流、严田古樟园成功创建国家4A级景区，婺源拥有精品景区20多个，其中国家5A级景区1个、4A级景区10个，是全国拥有A级景区最多的县，各项旅游指标位于首批中国旅游强县前列。

近年来，婺源围绕"中国最美的乡村"品牌与主题，打好对外宣传主动仗，新闻外宣、节庆活动、旅游营销和项目招商均围绕"中国最美的乡村"开展和推介（图4-7）。

图4-7 婺源春景

婺源精心打造"一张专题片、一本画册、一首歌、一台戏、一部影片"等外宣制品，凭借高品位、高质量的外宣制品，通过各种高端媒介、平台的宣传，大大提升了婺源的知名度与美誉度。人民画报婺源特刊先后送到全国"两会"会场与中共十八大会场；近三年有 10 多部影片在婺源拍摄并在央视播出；连续 11 年举办中国乡村文化旅游节，邀请媒体聚焦报道，展示婺源文化旅游产业的全面发展。婺源每年在各级新闻媒体上稿 1 万多条，位居省市前列。随着"中国最美乡村"的声名远播，婺源吸引了世界华文媒体等境外媒体聚集采访，2014 年，婺源先后在《中国日报》《香港文汇报》、欧洲新闻网等对外和境外媒体发表新闻报道 1 000 余条。婺源江岭风光和石城风光先后亮相 QQ 登录界面，吸引了 10 亿名 QQ 用户的目光；享有"世界十字路口"美誉的美国纽约时报广场大屏播放了婺源两幅石城风光图片，并被美国、加拿大、巴西、西班牙等地的 500 多家媒体转载发表。每年 3～4 月，婺源旅游呈现火爆局面，百度"婺源"搜索排名一度稳居前两位，与香港持平。

婺源先后获得了中国旅游强县、国家乡村旅游度假实验区、全国旅游标准化示范县、全国低碳旅游示范区、全国休闲农业与乡村旅游示范县、"2014 最美中国榜生态旅游、文化旅游目的地城市""2014 中国最美丽县""中国最美 30 个县"等称号，婺源和篁岭景区分别入选"中国最美符号"，江湾景区荣获"最受读者喜爱的旅游景区"称号。

资料来源：佚名．婺源：中国最美的乡村［N］．上饶日报，2015 - 02 - 11．

▶ **案例分析：**

1. 婺源的中国最美乡村品牌形象是如何打造出来的？
2. 传统的乡村旅游应如何打造独特的品牌形象？

五、营销传播创新

商战如兵战，《孙子兵法》云："凡战者，以正合，以奇胜。"乡村旅游的传播提升也要奇正结合，出奇制胜。

抓住体验与分享，就能稳打稳扎、步步为营，经过日积月累，效果就出来了。做好"正"，要有全新的市场观，游客与居民不是非此即彼，市场的主体也不局限于外来客。消费者出游包含 3 个过程：消费前的学习与决策，消费中的体验与品鉴，消费后的分享与评价。3 个环节环环相扣，每个环节都非常重要，包含着大量信息交流，这种交流没有界限，不管你是本地人还是外地客，每一刻的交流都非常重要，都能对消费者的态度产生决定性影响。如果说消费中的良好体验更多的是产品建设者的责任的话，那么，体验后的分享则更多是营销部门的责任。营销人员，特别是宣传推广人员首先自己要有良好的体验，自己就是游客，深入下去，用心体验，才能有感而发，撰写出打动别人的文章。还要密切关注网络，积极组织和引导网友讨论，收集网友的精彩帖子和言论，加以编辑、转发。最高境界就是"精彩体验＋精彩表达"，直达网友的心扉，使网友自觉转发，成为义务宣传员和促销员。当然，对消费者中的一些积极分子，应该长期保持联络，虚心向他们学习求教，并给予其各种方式的激励，进一步调动他们长久的积极性。

网络信息浩如烟海，不能时不时来点"事件"成为引爆点、兴奋点，就难以实现高效传播。国际上，大堡礁喊出"全世界最好的工作"的口号征集守礁人、马尔代夫的内阁"海底会议"都是极为成功的经典案例。在国内，张家界是值得学习的，该景区策划了一系列的活动，几乎年年有重大"事件"，大部分取得了成功。特别是 1999 年"穿越天门山，飞向 21 世纪"的世界特技飞行大奖赛，吸引了全球 200 多家媒体争相报道，使其知名度瞬间提升，同时也带来了巨大的经济效益。次年，其旅游总人次比"穿洞"前增长 52.7％，旅游总收入翻了一番。反观我国其他许多乡村旅游目的地，虽然也重视宣传，但中规中矩、平淡无奇。在网络时代，必须首先解放思想、勇于担当、鼓励创意、接纳创意，挖掘各种热点题材，确保网上至少季季有"事件"（图4-8）。

图4-8　电影《阿凡达》取景地张家界

六、营销管理创新

管理的创新重在整合，可以从"线下线上"两方面入手，虚实结合。一是从全域旅游出发，实施"全"管理。要调动目的地所有的部门参与到乡村旅游的开发、建设、管理中来，特别是那些原来看起来跟旅游关系不大或没有关系的部门，如税务、工业等部门。这不是要求每一个部门都去搞乡村旅游项目，而是要求他们从自身的职能出发，参与乡村旅游的管理，为乡村旅游提供必要的服务。要吸引最广泛的居民参与到乡村旅游中来，同时，要打破主客界限，主也是客、客也是主，将境内所有人员都纳入游客管理的范畴。不管你是本地的还是外地的，是来旅游还是来出差、探亲的，只要你在域内，你就是游客，在公共服务及其他方面，都能享受游客待遇。只要进了旅游区，就是乡村旅游的体验者，其体验都可能在网上产生重要影响。要对游客从入到出的全过程进行管理，使其在区域内的每一个节点都能得到极佳的体验。二要抓住互联网，加强对各种传播渠道的整合与管理。现在，传统媒体依然活跃，只是影响力有所减弱，新兴媒体层出不穷。在这种情况下，传播管理难免千头万绪、手忙脚乱。其实，互联网已经几乎将所有的传播渠道都整合起来了。试想，传统媒体如果不与互联网结合，能有什么影响力？新媒体再活跃，其信息源头也大多在互联网，而且与互联网不断互动。要以智慧旅游建设为契机，充分发挥互联网的优势，为乡村旅游发展提供服务；要畅通游客在乡村旅游区内的上网渠道，及时发布上网信息；要为互联网提供足够的、形式多样的且为网民喜闻乐见的源头信息，并组织力量即时观察互联网动向。对一些精彩的段子要加以遴选、提炼、转发，必要的时候可以适当奖励原创作者；对负面信息，要及时掌控，尽量联系作者，从源头化解。

第四节　乡村"智慧旅游"平台建设

一、乡村旅游智慧电子商务发展的必要性

乡村智慧旅游电子商务平台的构建是响应国家"三农"政策、普及农村网络化建设、解决农村富余劳动力、加快农村经济发展、缩小城乡差距的必经之路。除此之外，基于旅游产品的特殊性，需要借助电子商务平台完成农产品及其服务的销售活动。

随着市场经济的发展，乡村旅游业与电子商务的结合是一个必然的趋势。信息化的不断普及使人们更加关注旅游的舒适、休闲、享受程度，传统的旅游方式很难满足旅游市场的新要求。便捷的网络搜索可以最大限度地搜集到旅游者所需要的信息，真正实现了"足不出户，便知天下事"。因此，乡村智慧旅游电子商务平台的构建是顺应时代要求的必然结果。

乡村旅游企业的健康发展离不开乡村智慧旅游电子商务的应用。首先，发展乡村智慧旅游电子商务为信息的流通提供方便。乡村智慧旅游电子商务平台的构建有利于供应商和客户进行信息沟

通，了解市场动态，及时做出经营战略调整。其次，发展乡村智慧旅游电子商务为经营销售提供新的途径。乡村旅游企业可运用电子商务平台展示旅游产品的资料信息，吸引游客购买产品，引起代理商的兴趣，从而开辟新的销售途径。最后，通过乡村旅游智慧电子商务平台进行在线交易，可以极大地降低成本。据统计，乡村旅游企业若在网络上做广告，成本只有传统广告的 1/10，但销售量可以增加数倍。

二、乡村"智慧旅游"平台的应用模式

"智慧旅游"是当下一种新型的理念，所谓"智慧旅游"，是依托智慧电子商务系统，在景区内部实现自动化、信息化、网络化的管理运作，站在智慧景区的角度，构建乡村"智慧旅游"电子商务系统。"智慧旅游"电子商务在景区内部的运用主要包括 4 个模块，分别是信息基础设施的建设、数据中心、信息系统平台和综合决策平台。

信息基础设施的建设是以政府信息系统为基础，结合旅游景区理论，在物联网和互联网技术支持下，沟通人与物之间的联系，实现信息采集、传递、整理、运用和反馈。通过景区内的传感设备，自动控制景区内的设施和物件，全方位感知景区环境、游客活动并进行内部管理，从而实现景区的智能化管理。

数据中心是景区信息的存储中心、服务中心和传递中心，其任务是实现数据信息的共享，避免信息孤岛的局面。

信息管理平台主要包括地理信息系统、智慧旅游电子商务交易平台、门禁系统、游客分流系统、办公自动化系统、多媒体展示系统以及其他一些配套系统。地理信息系统的主要功能是进行景区内的环境监管、自动控制等，通过三维立体成像，更加直观地展现出景区的状态，方便景区的管理。智慧旅游电子商务平台主要是方便游客通过互联网预订旅游产品。高峰期游客分流系统提供了 3 种分流方案：网络团体预定分流、门禁系统分流、调度交通工具分流。通过这些分流系统，可以大大缩短时间，维持景区内的秩序。办公

自动化系统可以提高办事效率，降低成本。多媒体展示系统就是利用多媒体技术，既实现对景区的宣传，又为游客提供服务。其他一些配套系统包括景区资源检测系统、智能监控系统、LED 信息系统等。

综合决策平台的构建既需要完善的硬件设施，又需要专业管理人才的配合，通过硬件设施，管理人员可运用智能手机随时了解景区的状况，实现全面、及时的管理（图 4-9）。

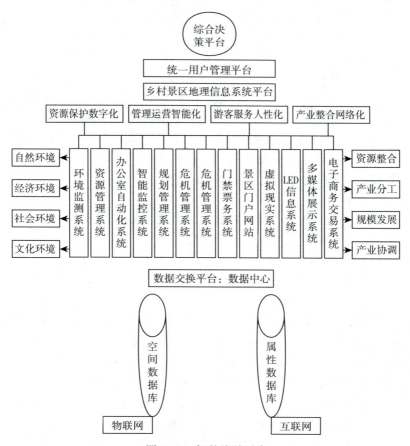

图 4-9　智慧旅游平台

案例 4-5

"世界上最好的工作" 营销案例分析

事件原貌：2009 年 1 月 9 日，澳大利亚昆士兰旅游局网站发布招聘通告，并为此专门搭建了一个名为"世界上最好的工作"的招聘网站，网站提供了多个国家语言版本。短短几天时间，网站吸引了超过 30 万人访问，甚至导致网站瘫痪，官方不得不临时增加数十台服务器。据昆士兰旅游局称，至"世界上最好的工作"全球招聘活动报名截止为止，这项活动带来的公关价值已经超过 7 000 万美元。

一、抓准时机，逆势策划

由于 2008 年金融危机等因素的影响，昆士兰州的旅游旺季被推迟，大堡礁的旅游量受到一定的影响，在此契机之下，澳大利亚昆士兰旅游局发布招聘信息，工作信息如下：

时间：一周工作 12 小时。

内容：喂鱼、游泳、潜水、划船等。每周写博客、上传视频、接受媒体采访，向全球宣传大堡礁。

工资：半年 15 万澳元（约合人民币 65 万元）。

福利：带 3 个卧室和独立游泳池的住宅，工作者可以携带自己的家人或朋友到岛上一同生活。

在大堡礁居住已经是个很吸引人的工作了，而且成功的申请者在合同期内的薪资还如此诱人，在金融风暴席卷全球、大量工厂裁员、工人失业这样一个人心惶惶的时刻，澳大利亚昆士兰旅游局推出"世界上最好的工作"，无疑立马吸引了无数的眼球，得到更多人的关注，甚至吸引了众多媒体为其免费报道，迅速扩大了大堡礁的知名度，使得慕名而来的人数明显增多。在这之前，中国去澳大利亚旅游的人虽多，但是对于大堡礁却不是很了解，澳大利亚昆士兰旅游局借此契机成功地打开了中国这个巨大的市场。

二、巧借互联网 成功的互动式营销

"世界上最好的工作"的活动规则是：申请者必须制作一个英文求职视频，介绍自己为何是该职位的最佳人选，内容不可多于 60 秒，并将视频和一份需简单填写的申请表上传至活动官方网站。很多申请者都是通过世界著名视频网站 YouTube 来提交自己的英文求职视频并关注海选活动的，YouTube 网站成为这次活动的最佳助手，达到了主办方想要的宣传效果。

"世界上最好的工作"的活动期拉得很长，将近一年，这期间，通过网络投票以及精心的活动策划造势吸引了众多国家网民的参与，每个国家的候选人都得到了所在国家民众的关注，通过网络投票决出的一位最高人气的"外卡入选者"甚至可以直接面试，这就使得选手不断为自己拉票，而关注选手的人自然会为心仪的选手投票，从而不断关注主办方的活动进展，昆士兰旅游局成功巧借网络互动营销实现了自己的宣传。到"世界上最好的工作"竞选结束时，谷歌的收录量达到 1 700 多万条。

图 4-10　大堡礁招聘

三、营销的延期效应

不管是传统营销还是网络营销，要的都不是一时的吸引眼球，很多营销案例都存在一个时间问题，很快淡出人们的视线，但是大堡礁营销就很好地规避了这个问题。昆兰士旅游局在策划本次营销事件时，在候选人的本职工作中突出了"每周写博客、上传视频、接受媒体采访，向全球宣传大堡礁"的要求。获得"世界上最好的工作"的幸运儿上岗后，大家可能会经常去他的博客、视频看看，体验一下大堡礁的美轮美奂，这就起到了对大堡礁进行持续宣传的效果，是能够达到网络营销延期效应的一个新途径。

结语：通过上文可以看出，大堡礁的这次营销十分成功，澳大利亚昆士兰旅游局仅花费了少量的成本，就得到了如此高额的回报。不得不说，网络营销在这中间起着决定性的作用。目前在国外，80％以上的个人或企业都选择网络媒介进行营销推广，并且取得了良好的效果。中小企业想要谋求更长远的发展，打败竞争对手，进行网络营销策划是必不可少的程序。

▶ 案例分析：

1. 中小型乡村旅游企业应如何进行网络营销？
2. 网络营销相对传统营销有哪些优势？

第五章 | CHAPTER 5

乡村旅游要素创新

第一节　乡村生产及民俗文化创新

一、乡规民约、礼仪孝道等传统文化的开发

在民俗生活方面，对乡规民约、礼仪孝道等的宣传与展示是建设美丽乡村、发展乡村文化旅游的一个亮点，可以起到宣传告诫、弘扬传承的作用，是现代文明乡村发展的需要（图5-1）。如今，消费者已不满足于创意农业观看、品尝、采摘等简单体验，他们的需求日趋多样化、个性化，也更看重乡村旅游目的地的整体氛围。在创意农业中植入乡村文化资源，有助于打造富有文化内涵和氛围的创意农业生产区或休闲景区。乡村文化建设要以传统经典农业文化、积极向上或先进的文化为引导，着力营造新农村建设需要的文化环境，带动旅游业的发展。

图5-1　村民公约

现在的乡村旅游发展强调乡镇或县区共享，实现乡镇共建，这个共建不是简单的规划公示和讨论，更重要的是在规划之初和事业发展之初，充分倾听民意，真正挖掘有价值的乡村文化符号，并在基础设施和景观设计上加以体现。例如，在生产区或景区整体的规划与设计上，彰显地域文化特点；在休闲长廊、景观小品、廊道、亭台、绿化景观等各类设施的设计和建设上，使用具有村镇特色的色彩、图案、形状、图标等。此外，在农业生产区、景区的内部标志、解说系统或对外宣传册和广告上，也可以突显出乡村文化特色，通过特色化的装饰、美化和宣传，将农业生产区或景区打造成特点鲜明、文化突出的经营场所，更好地吸引消费者。

二、日常生活中普通文化元素的开发

乡村农民生活文化资源，一是农民本身，如当地语言、宗教信仰、个性特质、人文历史等；二是日常生活特色，如饮食、衣物、建筑物、开放空间、交通方式等；三是农村文化及庆典活动，如工艺、表演艺术、民俗小吃、宗教活动等。体验项目包括做农家饮食；游客织布、做衣；直接和农民交流、聊天；乡舍、农田短距离行程游玩，观赏传统民舍、宗祠建筑，进行农作物辨识、农事了解；各种农事操作、节庆表演观摩、器具使用。日常活动体验项目包括游客品尝传统的农家饭、农家菜；了解、穿戴农家传统服饰，住农家院落，使用家具摆设及设备；游客享受乡村生活，饮茶聊天；游客玩传统的乡间游戏。

（一）大众化生活文化的开发

大众文化是就文化传播的广泛性而言的。大众化反映农民的利益与呼声，是乡村大众喜闻乐见的乡村文化，但要注意的是，其文化内容必须是先进的、健康有益的，而不是低级趣味的。历代传承的农民艺术是乡村大众化文化旅游开发的要素，与农业生产和农民生活息息相关的民俗民间艺术是我国农民在数千年的农耕活动中不断创造和发展的乡土艺术。这些生活中的艺术有民间节庆、表演、号子、说唱、民谣、猜谜等，尤其是被物化的产品，如年画、剪纸、农民画、布艺、草编、木雕等，十分生动、形象，充分反映了历代农民淳朴、热情、活泼的性格和生产、生活态度，给人们以鼓舞和教育。广泛的民众性是节庆产业成功的魅力所在，节庆产业的成功不在于安排多少项活动，而在于有多少大众身临其境感受的人文气氛（图5-2）。

图5-2　东北二人转

民俗生活项目展现给在城市生活的人们一种有别于平日的农村生活，对于暂时逃离城市生活的人们来说无疑是一种别有情趣的体验。因此，应深度挖掘地域民俗文化，结合生态农庄和郊野生态环境，全方位地整合传统民间游艺项目，作为乡村旅游的特色体验，如集体跳绳、滚铁环、跳皮筋、踢毽子、跳方、盘磨、翻花线等乡村传统游戏。同时，结合农业民俗，可开展类似于开心农场种植体验、手工作坊体验、牧场动物表演等农业民俗主题体验活动，带给人们乡村生活的真实体验。

（二）少数民族特色生活文化的开发

我国是一个多民族国家，少数民族地区的美丽乡村具有多彩和谐的人文之美，地域多样性和民族多元性是多彩民族文化的亮点。例如，在湖南省湘西地区，众多民族勤劳耕作，共同创造了瑰丽的民族文化，傩戏、火把节（图5-3）、歌酒节、斗牛节等节庆丰富多彩，游方歌、芦笙舞、木鼓舞等歌舞绚丽多姿，鼓楼、风雨桥、吊脚楼、美人靠等建筑各具特色，令人赞叹称奇。置身这里，你会看到田园堆叠、阡陌交错、牧童短笛、牛羊满坡的生动情景，感受到"采菊东篱下，悠然见南山"的浓浓乡愁。另外，在非物质文化遗产方面，苗族地区的挑花、刺绣、织锦、蜡染、剪纸、首饰制作等工艺美术瑰丽多彩，驰名中外。苗族还是个能歌善舞的民族，尤以情歌、酒歌享有盛名。应在乡村旅游中大力推广、传承和弘扬这些少数民族经典生活民俗。

图 5-3　火把节

案例 5-1

走西江，话丰收，体验千户苗寨民族风情

西江千户苗寨有着"全世界最大苗寨"之称，是一个完整保存苗族"原始生态"文化的地方，由 10 余个依山而建的自然村寨相连成片。传统的农耕劳作在此仍有保留，金秋时节，西江千户苗寨的梯田田园观光区恰是一派农忙的景象。

每年在苗族活路头的带领下，苗族人收割、储藏粮食，用他们独有的方式表达丰收的快乐。同时，他们用丰收的农作物准备丰盛的长桌宴款待来宾，让游客一同感受西江千户苗寨丰收的幸福。此时走进西江千户苗寨，是感受苗寨农民丰收喜悦的大好时机（图 5-4）。

图 5-4 西江千户苗寨

一、在旅游开发十周年的变化中感受幸福

西江千户苗寨地处雷公山山脉，人多地少，过去，这里生产、生活资源匮乏，交通不便，是一个偏远且贫穷的苗寨。2008 年，千户苗寨以苗族特色文化资源为载体，走上了旅游开发的道路。如今的西江千户苗寨整体生活水平得到了很大提升，民族文化传承与创新愈发强劲（图 5-5）。

图 5-5 当地农民的歌舞表演

　　2018 年，国家将每年农历秋分设立为"中国农民丰收节"，从此，中国最大的群体——农民拥有了自己的节日，而对于西江千户苗寨来说，2018 年也是西江旅游发展的十周年。十年的时间，西江苗寨在保持传统村落自然之美的同时，也在不断焕发新的生机。据了解，自 2008 年起，古街、游方街以及村寨巷道进行了整改提升，铺设了富有苗族文化气息的路面；先后开通了西江至凯里朗西旅游公路、凯雷高速公路，改造了县城到西江的雷西公路，大大方便了村民和游客的自由出入；修建大型停车场，扩建了演艺表演场等文化活动场所，以供村民活动表演所用。诸此种种，改变了当地村容寨貌，吸引了越来越多的游客到此观光旅游，促进了当地居民的生产和就业，带动了当地经济的发展，当地居民生活幸福指数大大提升。

　　早在 2017 年，千户苗寨的游客接待量已超 600 万人，旅游综合总收入达 49 亿元。

二、旅游发展助推文化传承

　　西江千户苗寨的发展有赖于当地旅游业的推动，而旅游业的发展则以苗族源远流长的历史文化为核心。文化的传承与旅游业的发展相辅相成，共同造就了西江千户苗寨目前的发展态势。

　　苗族的建筑特色、生活方式以及特色民俗文化在西江都得到了较大程度的保留。千户苗寨驻扎在蛇虫较多的雷山县，自其迁徙至今，为防虫、养牲畜建立的吊脚楼依然随处可见；位于雷山县大塘镇、目前已有 600 多年历史的水上粮仓（图 5－6），目前还为当地村民所使用；苗民热情的迎客礼节——苗族十二道拦门酒、非遗技艺苗族银饰锻造技艺等都得到了最大程度的传承保留。丰富的民族文化成为推动当地旅游产业发展的重要因素（图 5－7）。

图 5-6　传统米酒制作水上粮仓

图 5-7　苗族传统蜡染文化

　　与此同时，旅游业的发展也推动了当地文化的传承与创新力度。据当地苗民介绍，蜡染技艺曾一度衰落至当地人也鲜少触碰的地步。因千户苗寨旅游业的开发，这项技艺被重新拾起，作为当地的特色文化展现给游客，现如今，苗族蜡染与苗绣已经走上国际舞台，为更多人熟知。此外，以国家级非物质文化遗产《苗族古歌》中"蝴蝶妈妈"创世故事为蓝本，创新打造，展现苗族远古神话故事的歌舞剧《蝴蝶妈妈》也于 2018 年面世，成为苗族文化之旅的一张重要名片（图 5-8）。

图 5 - 8　郎德上寨芦笙表演

　　资料来源：赖书香，吕晓秋．走西江，活丰收，体验千户苗寨民族风情．http：//lvyou．ycwb．com/2018 - 09/29/content_30102697．htm，2018 - 09 - 29．

▶ 案例分析：

　　1. 在乡村旅游发展中，千户苗寨是如何开发和创新传统乡村文化资源的？

　　2. 如何使用现代传播手段对乡村传统文化进行推广？

第二节　乡村民宿创新

　　21 世纪是体验经济时代，游客的需求会越来越偏向个性化和多样化，注重自我价值的实现和满足，注重旅游过程中的心理感受和满足程度。大众化的走马观花似的观赏型乡村旅游产品对消费者的吸引力会越来越弱，而对个性化、特色化乡村产品和服务的需求会越来越高。民宿作为一种非标准住宿产品，以特色化、个性化的经营方式和理念吸引了越来越多的追求个性的游客。

　　2016 年《中国乡村旅游发展指数报告》指出，2016 年是中国

"大乡村旅游时代"的元年，乡村旅游发展规模大、投资大、影响大，已成为人们新的生活方式。通过大数据推演预测，未来中国乡村旅游热还将持续 10 年以上，2025 年达到近 30 亿人次。在此背景下，我国民宿迅速发展、遍地开花，但目前我国官方仍没有对民宿进行准确而统一的定义，概念模糊，且各地民宿发展层次不一。北京、浙江莫干山等地高级民宿客房的定价高达每晚几千元，其设施和环境堪比高级度假酒店，但大部分地区的民宿仍然停留在传统农家乐的精装修阶段，存在管理理念滞后、服务能力低下、硬件设施简陋、环境落后等诸多问题，无法满足顾客需求，急需转型升级。

一、民宿的概念和特征

（一）民宿的概念

台湾是我国发展民宿最早的地区（图 5 - 9），且早在 2001 年 12 月 12 日就颁定了《民宿管理办法》。管理办法对民宿的设置地点、规模大小、建筑、消防等事项都进行了明确的规定，其中当然也包括对民宿概念的定义。民宿是指"利用自用住宅空闲房间，结合当地人文、自然景观、生态、环境资源及农林渔牧生产活动，以

图 5 - 9　台湾民宿

家庭副业方式经营，提供旅客乡野生活之住宿处所。"杭州市在《民宿业服务等级划分与评定规范》中指出，民宿是一种以家庭私有房产为基本接待单元，利用原有住宅或空闲房屋改建，结合当地人文自然景观、生态和环境资源以及农牧渔生产活动，由房主个体经营，或出租委托他人经营，以集体管理为主要形式的，提供休闲、体验、游览、餐饮、住宿等有限服务项目的住宿设施。

（二）民宿的特征

1. 从起源上来说，民宿的发展起源具有非常强的自发性　纵观世界各地的民宿发展，一般都是景区或景点周围的农民为了增加收入，利用自己住宅的空闲房间为游客提供简单住宿和餐饮等服务。如日本民宿，是由一些登山、滑雪、游泳等爱好者租借民居衍生发展起来的；我国台湾地区的民宿起源于垦丁国家公园，也是由于景区内旅馆住宿供应不足，看到商机的村民就利用自家住宅的空闲空间自挂招牌，开始进行民宿经营。

2. 从规模上来说，民宿的规模体量相对较小　一般的传统民宿都以家庭为单位经营，经营载体也是家庭住宅，而且各地政府为了更好地引导民宿的发展，对民宿的规模进行了严格规定，如法国政府规定民宿房间数最高为 6 间。但是随着民宿市场的日益火爆，大量资本开始投入这个领域，民宿连锁集团初现雏形，如杭州的花间堂和北京的唐乡集团等。

3. 从经营内容来说，民宿的个性化经营特征比较突出　目前我国虽然没有对其进行定义，但是将民宿划分到非标准住宿产品一类。所谓非标准住宿，就是与传统的标准化酒店不同，民宿更注重个性化、特色化经营。

4. 民宿是一种有交流、有人情味的住宿方式　民宿作为一种非标准住宿方式，与传统酒店等标准住宿产品的区别在于民宿为顾客提供了一个与当地居民交流和直接感受当地民俗民风的机会（图 5 - 10）。

图 5 - 10 大理民宿白族服务人员

二、乡村民宿发展存在的问题

（一）政府主管部门不明确，相关法律法规缺失

在政府主管部门方面，目前我国的民宿还没有一个明确的主要管理部门，多个部门之间权责不清、交叉管理，导致效率低下。在相关政策建设方面，相关的政策制度构建滞后于快速发展的民宿。在法律法规方面，我国还没有针对民宿产业具体的法律法规，不能够对整个行业产业进行有效的监督管理。

（二）乡村民宿发展资金压力大

目前我国民宿的经营模式主要有 3 种：农户自主经营型、委托流转型、"公司（协会）＋农户"型。对于农民自主经营的民宿，随着物价的上涨，民宿装修成本也在逐年提高，农民本身不富裕，没有足够的资金去改建；对于委托流转型民宿，其资金压力逐年增大，主要原因归结于大幅上涨的民宿租金，而为了解决资金紧张的问题，许多民宿采用多人合资的形式，增加了投资者的磨合成本，出现了经营理念、利益分成等方面的分歧，导致经验管理不畅。

（三）组织起步较晚，行业标准还不完善

除台湾地区外，我国民宿组织起步较晚，各地民宿协会也尚处

于摸索阶段，主要行业协会还是侧重于农家乐方面，民宿组织自主化发展程度不高，存在过度依赖政府的现象。各类民宿组织的发展滞后于民宿行业的发展，缺乏彼此之间的沟通和信息交流，缺乏专业性的人才，未能为我国民宿发展提供良好的引导。

（四）民宿产品本身不够完善

1. 基础设施及配套设施不够完善　由于经营者缺乏资金、思想观念滞后，以及部分民宿地处交通不便的地区等原因，当前我国民宿的基础设施和配套设施还不够完善，落后于广大消费者的需求，一些地区的民宿甚至缺乏基本的卫生设备。只有解决了后顾之忧，消费者才能纵情于山水之间，体验民宿的魅力。

2. 同质化严重，缺乏文化内涵　随着旅游行业在我国的快速发展，消费者的消费意识不断提高，不再局限于简单的观光游览，更加注重追求旅游背后丰富的文化内涵。但是我国民宿的创新能力明显不足，普遍存在被动经营的现象，民宿产品在形式、内容等方面缺乏创新，一味地模拟和效仿，导致产品同质化严重，无论是建筑风格、室内装潢设计，还是具体的服务内容都如出一辙，最终导致民宿产品的吸引力差，整体产业链短、附加值低。

3. 经营者素质有待提高，营销意识不强　现阶段，我国民宿经营者主要有农民以及追求乡野意趣的文艺爱好者，农民自身缺乏经营、管理、服务等方面的专业知识与技能；文艺爱好者的审美水平较高，但是在民宿的经营方面同样缺乏专业的经验，除此之外，其对本地区的文化底蕴和民俗特色缺乏了解，极易出现民宿的同质化及无序竞争。同时，民宿经营者的市场意识淡薄，仅仅局限于自身的盈利情况，不能根据市场的变化及时做出适合游客需求的调整。

三、乡村民宿创新原则

（一）传承地域文化，保真乡土文化

所谓"地域文化"，是指在一定空间范围内特定人群的行为模式和思维模式的总和。每个地域都有自己独特的属性，其特征、结

构及规律都有待认知和发掘，同时，地域文化又是不断发展的，它不会固定在一个历史阶段，而是在不断创新、不断吸收中逐渐积累起来的。地域文化不只有一种表达，建筑是地域文化的展现。传承地域文化并不是一味地怀旧和复古，而应积极面对文明的演进，在保留本地区地域文化精髓的前提下，充实和发展本地区的地域文化。以建筑为例，维特鲁威曾把建筑学的目的归纳为适用、坚固与美观，用现代语言来说就是建筑的功能、技术与美学要求。我国各地的乡村传统民居建筑都有其独特性，如陕西的合院式建筑、北京的四合院、安徽等地的徽派建筑等。但随着时代的发展和社会文明的进步，时至今日，这种传统的民居建筑布局形式已经与现代人的家庭生活功能需求不相符了，传统的老建筑室内采光不足，常给人阴暗潮湿之感，且其结构复杂，搭建耗时、麻烦。随着时代的进步和技术的更新，民宿建筑在外观形式上可以传承传统的民居建筑样式，即在建筑材料上可以沿用传统的青砖、木材等材料，也可以在建筑上增加一些代表当地特色的装饰构件和砖雕、木雕等装饰花纹，但在建筑的结构、空间功能布局上可以更加灵活，以符合民宿主人和顾客的使用需求（图 5-11）。

图 5-11　陕北窑洞民宿

　　乡村旅游的本质是乡村文化，乡村文化是吸引顾客选择乡村民宿的重要动机。乡村的核心吸引要素是美丽的风景、宁静的环境、清新的空气、淳朴的生活、保存久远的文化传统和人与自然的和谐相处，维护这些要素的原真性是乡村旅游长盛不衰的根本。乡村民宿的主要客源来自周边城市，他们生活节奏紧张、生活环境刻板，渴望返璞归真、放松身心。乡村优美的自然风光、纯朴的乡村文化正是游客所追求的，如果重视设施建设与人造景观，忽视村野环境的营造，那就是舍本逐末了。应正确把握乡村旅游消费者需求的实质，确保乡村旅游的乡土气息。乡村民宿应保持乡土气息的浓郁性和真实性，切忌过于现代化和商业化，破坏旅游者对乡土气息的欣赏和体验。

（二）标准化与个性化并重

虽然民宿作为一种非标准的住宿产品，以满足顾客个性化、特色化的消费需求为目的，但标准化对民宿来讲同样非常重要。个性化、特色化、差异化是民宿针对顾客的外在吸引力，包括民宿的经营主题、服务内容、产品等；而标准化则针对民宿自身发展的内在要求，包括民宿的服务设施、服务规范等。不能因强调标准化而牺牲个性化，也不能强调过分的个性化而取代已有的标准要求，必须标准化与个性化并重，协同发展，才能保证顾客得到良好的体验。民宿的个性化应该以民宿的主题理念为核心，而后落实到环境、设施、产品、服务等多个方面。主题理念是民宿个性化的核心，也是解决民宿经营同质化最有效的方法，有了独一无二的主题，环境氛围、设施产品、服务和活动的设置都可围绕这一主题理念去打造，在强化主题的同时也能加深顾客的体验。

民宿的标准化应该针对民宿的安全问题和经营服务规范两个方面进行。民宿的安全问题包括民宿的选址、建造安全等。许多乡村民宿都会选址在山清水秀的地方，但这些地方有可能会有一些自然灾害隐患，如泥石流、滑坡、洪水等；而建筑的安全问题则是由于许多民宿建筑都是由民居建筑改造而来的，在建造规范上多有不足，存在安全隐患，且大多数民宿没有防火、防盗、应急等安全设施，需要明确的规范。此外，还有民宿的食品安全问题，食材来源、储存和食品的制作应符合食品安全卫生规范。在民宿的经营服务规范问题方面，由于民宿经营的自发性极强，大部分民宿都属于无证经营，随意涨价、低价恶性竞争等事件层出不穷，经营极不规范。另外，由于大部分民宿的从业人员都是当地村民，专业服务能力不足，人员素质参差不齐，因此，应加强民宿服务的标准化，保证民宿服务质量（图 5 - 12）。

图 5 - 12　古北水镇民宿

四、乡村民宿的创新策略

（一）科学规划

1. 加强民宿所在地的统一布局规划　民宿的发展不能离开其所在地的整体环境，所以，规划之前首先应该对村落的自然人文等旅游资源和区位交通等进行分析与研判，只有各方面条件都满足，村庄才能实现可持续发展和运营。科学的规划可以有效避免无序开发、盲目建设以及同质化经营等问题，规划设计应由专业的规划设计团队、当地村民以及政府共同完成。村落的水、电、通信等基础设施以及道路、停车场、导视等服务配套设施是村落运行和发展的基础，必须首先进行。

目前，许多乡村地区为了发展民宿，基本上都实现了自来水、电、网络等的供应，但是在污水排放、垃圾处理等方面还没有形成系统，需要进行管线的系统规划。另外，村落配套服务设施的协调分配和规划既要保证村落中各经营业主生活与经营的便利性，又要从游客的需求出发，使村庄宜居、宜业、宜游。村落的整体环境和景观的规划包括村落的田园、生态景观和民居建筑景观两方面的内容，应梳理村落周围的自然环境，保护生态，充分尊重村庄已经形成的建筑和街道的脉络（图 5-13）。

2. 加强和发展民宿的文化内涵　乡村民宿普遍都是按照村民的意愿进行环境营造的，由于村民自身的知识和审美水平有限，村民往往"去其精华，取其糟粕"，舍弃了许多传统文化中的优秀元素，导致大部分民宿建筑不洋不土、立面混乱、美感缺失。其室内环境的营造仅仅停留在表层的装修粉饰层面，缺少文化内涵和意境，环

图 5-13　莫干山民宿内部道路

境营造不够精细。而民宿的顾客群体以文化水平较高的城市中产阶级为主，这类人文化品位高，更加注重环境的文化内涵，仅仅把墙刷白，把地面硬化，简单复制一下影视作品的主题房间是无法引起顾客的情感共鸣的。要想让环境具有文化内涵，必须深入剖析和梳理地域文脉，从中提取优秀的、具有代表性的文化和符号，将其运用到环境营造中去。就建筑而言，可以对建筑形态和立面进行表皮的更新，并进行建筑内部空间结构的优化改造。此外，还可以运用传统的乡土建筑材料、传统的装饰图案和构件等来延续历史的记忆，如建筑的表皮可以用最常见的土坯墙和青砖代替瓷砖和马赛克等现代材料，还可以在墙面加入一些传统的砖雕、木雕等装饰图案，并且在屋脊、檐角等地方放置一些装饰构件。民宿建筑的内部空间结构也需要进行组织和梳理，由于大部分民宿建筑在建造之初只是单纯的民居建筑，满足一个普通家庭生活需要即可，而民宿建筑既需要满足原本的家庭生活需要，又要满足接待顾客的需要，所以要对民宿的内部空间结构进行合理调整，以满足民宿经营的需

要。空间结构调整主要是要加大民宿公共空间的面积，并为每间客房配备独立卫生间。

在传统的民居建筑中，庭院往往是建筑空间组织的核心，是家庭生活的中心。庭院是一个亲密接触自然的户外空间，在院子里可以感受到"春有百花秋有月，夏有凉风冬有雪"的美妙。但是由于城市用地的紧张，在现代都市人群的居住环境中已经没有了庭院的影子，也正因如此，才让都市游客对乡村民宿趋之若鹜。民宿庭院环境营造是民宿体验环境营造的一个重要部分，应软硬结合，对庭院进行精心的布置。所谓软其实就是植物的种植，而硬件即庭院铺装和围墙等硬质的材料与设施。植物的选取和配置不宜太复杂，应尽量选取易养护的乡土植物，或者直接在庭院开辟出一片菜园，菜园提供的可食用植物既可以为民宿经营提供一些有机食材又可以使庭院具有生活气息。另外，铺装是必不可少的元素之一，在铺装材料上，传统庭院可采用青石、花岗岩、板岩、毛石、碎石、防腐木等材质。

民宿室内环境的优化应从对民宿室内物理环境和软装设计两个方面进行。对室内体感气候、采暖、通风、温湿调节等方面的设计处理是现代室内设计中极为重要的方面，随着科技的不断发展与应用，它已成为衡量环境质量的重要内容。室内环境其实是家居生活的方式和场景的反映，不少乡村地区常会在窗户上贴剪纸作为装饰。另外，应提升家具、陈设品、灯具等的设计处理，精心收集的老家具和老物件可以让民宿充满时光的气息。民宿不需要装修得多么豪华，但一定要精致和用心（图5-14）。

3. 营造民宿私密空间的独处氛围和公共空间的社交氛围 氛围是指围绕某一团队、场所、环境产生的效果或感觉，是由场景引发的一种气氛，是基于消费者的心理感知建立起来的，属于不可视的范畴，如温度、气流、音乐、气味等。曾有实验表明，餐馆里的音乐、气味均会影响顾客的快乐和兴奋水平，进而影响顾客的消费体验。总的来说，民宿空间的氛围营造可大致分为两类，一类是民宿的客房、卫浴等私密性空间，另一类是餐厅、接待厅、庭院、阅读吧、活动厅等公共性空间。民宿的客房、卫浴等空间是属于客人

图 5 - 14　民宿内部环境

独享的私密空间，对舒适性和私密性要求极高，需要营造一种安静、安全、不被打扰的氛围，可利用柔和的光影营造温馨、舒适、朦胧、浪漫的空间效果。暖色不但给人温暖的感觉，而且能够给人扩大、接近的印象，适合创造亲切、舒适的气氛。

　　与传统的经济快捷酒店不同，民宿的公共交往空间是其重要组成部分。具体而言，空间社交氛围的营造可以通过创造适宜人交往的空间尺度、增加公共空间的开放程度等方法来实现。研究表明，当空间的高宽比为（1∶1）～（1∶2）时，人的心理状态会比较舒适放松，行动会变缓或驻足停留，在这样的尺度下，比较容易促进人的交往。另外，应保证公共空间的开敞性和视线的通透性，让顾客可以看到别人的活动，从而被活动吸引，开敞的空间可以给顾客一种自由放松的感觉（图 5 - 15）。

　　4. 完善和提升设施，加快产品升级创新并形成产业链　设施与产品的体验是游客最为直观的感受，也是民宿体验环境的基础；配套设施的完善程度则是游客停留并愿意再次消费的基本条件。好的产品不仅要有功能质量，还要具备能满足使用者视觉、触觉等方面需求的感知质量。

　　（1）完善和提升民宿设施的人性化和细节设计。以人为本，从需求出发，各类家具设施应注重人性化设计和细节设计。目前，许

图 5 - 15　台湾汽车旅馆

多民宿的各类设施以满足顾客的刚性需求为主，要想提升顾客的体验，还需要从细节和人性化的角度入手，完善和提升各类设施，如客房床垫的软硬程度、各类床上用品的材质触感等。住宿是顾客在民宿的主要活动，如果床的舒适度不够，顾客的体验会受到极大影响。另外，还要增加民宿的各类娱乐活动设施，活动设施是活动发生的诱发器，是交往氛围形成的基础，吸引顾客参与活动的前提是活动场地的环境和氛围良好，并设有各类娱乐活动的设施（图 5 - 16）。

图 5 - 16　民宿儿童房

（2）加快产品升级创新并形成产业链。目前，大部分民宿村落依托景区景点存在，主要产品就是住宿和餐饮，不仅不同的民宿村之间风格相似，同一村落中的各家民宿也相互雷同。各个民宿村应深入挖掘独特的资源，找准创新点，开发特色的创新型产品，或通过细分市场，精准定位，提供特色化、差异化的产品。村庄内的农户不应该一哄而上，全部经营民宿，这样容易造成恶性竞争和同质化经营。只有形成一二三产业链的联动，才能实现村落的可持续发展，可一部分做民宿接待，一部分从事养殖、种植、加工、手工艺品制作等工作，尤其是本地生态型餐饮原料的供应。应通过发展民宿，形成一个产业的支撑，推动一二三产业融合发展。

5. 更新经营管理理念，提升从业人员素质，丰富服务内容

（1）更新民宿的经营管理模式和理念。民宿的经营管理理念对于民宿的经营运转至关重要。民宿如果只重设计不重管理、只重噱头不重品质，会造成民宿盈利和发展后继无力。一个好的经营管理往往能使一个乡村旅游区脱颖而出，如莫干山等地区民宿的成功，更多的是其外来高端资本和外来高学历人才经营管理模式的成功。一般而言，由于民宿的规模比较小，民宿业主即为民宿的经营管理者，也是民宿经营策略、管理营销的制定和实施者。要想民宿有先进的经营管理理念，可以从两个方面入手：一是组织研究和从事民宿及乡村旅游的知名专家、企业家等，定期为民宿业主普及产业及新媒体营销等知识，提高农民经营者的经营管理能力和营销能力，加强对农民经营者经营管理方面的培训，培养经营者的业务创新和独立思考能力，避免恶性竞争和盲目跟风。二是要想办法引进多元化的经营主体，吸引大学生、都市白领、艺术家等各类经营主体来经营民宿。由于农民经营者自身知识和文化水平有限，即使接受了相关的培训和学习，其创新经营能力也会存在一定的局限，除了更新和提升本土经营者的思想和理念，应让经营主体多元化，这样可以提升区域的活力和竞争力。

（2）提升从业人员的素质和能力。除了提高经营业主的经营管理理念外，提升从业人员的服务水平也是十分重要，如民宿的厨师

需接受相关的烹饪技能培训，服务和接待人员需具备相关的服务礼仪和服务素养（图 5-17）。将专业酒店餐饮服务中的菜单设计、服务礼仪、客房服务，甚至是解说导览、旅游咨询等转化或融入到民宿产品中，可使民宿更加专业化。

图 5-17　民宿服务培训

（3）提供多元化、贴心的特色服务项目。民宿作为非标准住宿产品，主要是满足顾客个性化、自由化的需求，所以，在服务方面，不仅要提供酒店化的标准服务，还应该提供多样化、贴心的特色服务，以细致、贴心的服务打动顾客，将顾客视为朋友和亲人，建立民宿的社群关系。但值得注意的是，在保证服务及时性和便利性的同时，要充分尊重且不过度干扰顾客的个人空间。

（4）组织多种类型和不同参与程度的体验活动。活动体验虽是民宿体验环境营造的软性资源，却涉及深入顾客内心的情感反馈。体验式旅游追求一种独有的、有内涵的行程，终极目的是实现梦想、拓展心灵空间。这种旅游方式更加注重游客的参与性和亲历性，追求过程的内涵性，其中包括精神内涵与文化内涵。

①组织开展丰富多样的活动。扬·盖尔指出，室外活动是一个拥有正负效应的过程，即有活动发生是由于有活动发生，没有活动发生是因为没有活动发生。活动本身就会对顾客产生巨大的吸引力，丰富的活动能提高顾客的参与性，使其留下深刻的印象。所以，组织和开展各种类型的活动是吸引顾客参与活动的前提。

②设置不同参与程度的体验活动。不同的活动类型，顾客参与的程度也不同，有些活动需要顾客的精神参与，有些活动则需要顾客的身体参与。应尽可能设置不同参与类型的活动，顾客可根据自身的特点，选择性地参与各类活动。

🔍 案例 5－2

新农村民宿接待产业园建设工程

一、规划区位

北石门村的主要功能区之一，北石门村的特色项目，凭借山村现代别墅民居，打造一个独具特色的新农村民宿接待产业园。

二、规划创意

民宿就是合法经营的家庭旅馆，不同于以往的京郊农家乐，民宿的理念来自我国台湾地区，其本意就是让客人能够"入宿随俗"，即吃民宿主人家的饭、过民宿主人家的生活，虽是旅行却时刻不缺乏萦绕在身边的唯有家所特有的温馨。北石门村作为整个房山地区山区新农村发展的典范，经过各级政府的帮助扶持，进行了大规模的民居改造，一大片漂亮、整齐、现代的别墅群已经建成，在青山环抱、碧水穿流的田园风光中格外耀眼。未来别墅民居中的摆设和装修将打造地方特色，简洁的现代装修风格与乡土气浓厚的布置交融在一起，形成全新的民俗民居特色。电视、冰箱、热水器、空调、暖气、麻将桌一应俱全；宽带互联网的接通将为商务会议客人在此休闲放松提供基础。

三、规划具体内容

规划在北石门村内部进行民宿接待业的开发，建议出台各种相关政策，鼓励村民进行住宅民宿改造或吸引外资进入村庄进行流转开发，计划改造 60 栋别墅。未来的北石门村庄民宿建筑内部风格应各具特色，装饰得精巧别致，有田园风情的，有散发古老宫廷气息的，也有时尚现代派的。游客从喧闹的都市来到村庄住下，清晨睁开眼睛，房间里就能眺望山水苍翠；吃完早餐，步行不远便能看到青山碧水；在水边静坐，空气的纯净会让人忘却世间的喧嚣。

新民居室内异常宽敞明亮，室内装修向城市标准看齐。为响应社会节能环保政策要求，提倡建设"绿色"新村。其"绿色"不光体现在食物选取上，也体现在太阳能利用和污水处理上，新居将统一采用太阳能供热系统，将集热装置安放于坡形屋顶的玻璃窗下，与建筑形成既美观又没有安全隐患的统一体。这个太阳能系统还与储热水箱、多点定时智能化自动供热水循环系统相连，居民可通过电热水装置设置多个加热时段，以确保水温和供水畅通。

具体包括：①改造 60 栋别墅，每栋占地 150 米^2，内部进行特色化装修，打造山区民居风格；②对现有会议中心进行改造，提升档次，增加相应的娱乐设施（图 5-18，图 5-19）。

图 5-18　民宿效果图（1）

图 5 - 19　民宿效果图（2）

▶ 案例分析：

1. 民宿在设计上与传统乡村酒店的区别是什么？
2. 如何在设计中注意保护民宿住宿客人的隐私？

第三节　乡村饮食文化创新

"民以食为天"。餐饮作为乡村旅游产品的一个重要组成部分，其创新发展在促进乡村产业结构优化、提供就业机会、带动农产品生产流通和其他服务业的综合发展以及提高城乡居民的生活质量等方面发挥着积极的作用。但是，餐饮业在迅猛发展的同时，不可避免地面临着越来越激烈的市场竞争，同时也面临着发展中自身存在的各种问题，如产品趋同、文化内涵挖掘整合不够、现代信息方式利用不足、管理方式因循守旧、人力资源开发不足等。在此状况下，如何抓住市场机遇提升乡村旅游餐饮产品竞争能力，使其获得更大的发展空间，是当今乡村旅游企业经营者追寻探求的目标。

创新理论、移动互联网产业的萌生和发展为我们提供了全新的理念，为乡村旅游餐饮业开辟了崭新的发展空间和广阔天地。餐饮业可通过筹划丰富多彩的饮食生活体验，突出自己的独特性，适应新的消费需求，为消费者提供个性化的体验消费方式。首先，体验化餐饮创新产品是立足于消费者的独特体验的，是为客人量身定制的个性化产品。因此，餐饮企业不必按照通常竞争所形成的市场价格进行定价，可基于它们所提供的独特价值收取较高的费用，从而摆脱当前餐饮业流行的同质低价竞争的困扰。如同样是小笼包，香港鼎泰丰凭借独特的产品和优质的服务收取了更高的价格及15％的服务费。其次，乡村餐饮产品创新能够为餐饮企业树立良好的口碑，形成特色品牌，从而争取更多的市场份额，如北京柳沟的豆腐宴。最后，为消费者量身定做餐饮产品的基础是不断了解消费者的需求与偏好，当乡村餐饮企业能够按照消费者特点为他们提供定制的体验产品时，就意味着提高了客人的忠诚度，由此，乡村餐饮企业又提高了其保留消费者的能力。因此，乡村餐饮企业想要不断提高市场竞争力，就应该在创新理论的指导下，在有形产品、消费环境、服务体系以及由此构成的企业文化等方面不断创新，提供更符合市场需求和消费趋势的个性化餐饮产品，将餐饮产品的价值融入消费者的消费感受之中，为消费者提供更深入和丰富的消费体验，打造出个性化的乡村餐饮品牌，这样才能在日益激烈的竞争中取得优势。

一、餐饮产品

餐饮产品是一个综合体，其创新也不是从一个局部开始的，而是一个系统创新的过程。吴克祥（2000）认为，餐饮产品是由菜品、饮料、环境、服务和饮食文化构成的综合性产品，菜品和饮料是餐饮产品的物质基础，环境和服务是餐饮产品的重要组成部分，饮食文化是餐饮产品的核心。李德春（2001）指出，餐饮产品是由有形的餐饮产品和无形的餐饮服务、非餐饮实体的餐饮环境、设备、气氛等多种因素组成的有机整体。陈觉、何贤满（2003）定义，餐饮产品是无形服务与有形产品并重的混合型产品，餐饮生产兼具服务业和制造业的生产特点。黄明超（2003）定义，餐饮产品是由餐饮企业或餐饮经营单位向社会公众提供的、旨在满足人们日常饮食及相关需要的商品，包括实物产品、服务、环境氛围、企业声誉、品牌等。

综上所述，不同的学者有一个共同的认识——餐饮产品是一种综合性产品，以满足消费者饮食及相关需求为目的。因此，乡村餐饮产品是以满足当地消费者和旅游者餐饮及相关需求为目的，由有形的物质产品、无形的服务品牌、客人的消费环境以及蕴含于以上诸要素之中的企业文化等共同组成的复合型产品，具有一定的不可储存性。它是有形的使用价值和无形的使用价值的有机结合，有形的使用价值主要是指能够物质化和数量化的设备、食品、酒水等以及消费环境，而无形的使用价值是指消费者在实现消费过程中感受到的非物质化的服务。

二、乡村餐饮产品的创新开发指导原则

（一）个性化

乡村餐饮产品创新最重要的方向就是生产和消费的个性化。个性化特征验证了心理学家马斯洛的"需要层次"理论，即人类最高的需要层次——"自我实现"。消费者的就餐体验是个人情绪、精神达到一个特定水平时，在意识中产生的美好感觉。

乡村餐饮企业创新产品的设计应强调坚持个性化原则，在产品设计中首先应把挖掘企业特有的产品或特有的方式作为出发点，尽可能地突出本企业产品的特色，从战略上认识自己所拥有的资源优势，并通过开发措施强化其独特性，进而形成强大的吸引力和完整独立的企业形象。菜品、环境、消费者参与活动项目、接待服务等要与消费者日常生活存在一定差异，同时与竞争对手形成差异，这样既可以实现消费者放松、学习的目的，又可以保证自身的竞争力。例如，设计开发具有特色的菜单、餐厅雅间、纪念品、各种参与性活动，提供有特点的接待服务等。

位于日本福冈市的钓船茶屋总店，便是现实生活中的"老人与

海"。一个巨型水池和两艘巨型木船构成了餐厅的主体，大船旁边是镶玻璃船舱，里面可摆放桌椅。客人一走进店内，第一眼便被眼前湛蓝的海水和飘浮在水中的木船吸引住了，船上摆放着矮桌和软垫，食客可以边就餐边坐在船沿边钓鱼。水里养着大小不等的泰鱼、鲷鱼和比目鱼等，在钓钩上裹上一团鱼饵，放到水里很快就会有鱼儿咬钩，有经验的钓客很容易就能钓到，其中鲷鱼最容易上钩。客人每钓起一条鱼，胖胖的侍应生便会击鼓助兴，兴奋地用日语唱起祝福歌，周围的食客跟着节拍回应，场面轻快热闹，热力十足，令在场的每一个人都深受感染，很快放下身架与矜持加入其中（图 5-20）。该店的招牌美食是生鱼刺身，当现钓现宰的海鱼被做成晶莹剔透的刺身端上来时，那吹弹可破的透明质感和弹性十足的触感，似乎还带着鱼翔浅底的惬意与随性，沾着青芥辣和酱油入口，那溢满唇齿间的清甜味，真应了那句"此鱼只应天上有，人间哪得几回尝？"

图 5-20　日本船屋餐厅

（二）娱乐性

法国一项商业调查的结果显示，有 60% 的消费者认为去餐厅的目的是寻找欢乐。由此可见，餐饮产品不是简单的物质产品，而是高层次的享受产品，消费者不管购买什么，都在其中寻求"娱乐"。乡村餐饮企业应巧妙地寓娱乐于就餐过程之中，通过为消费者创造独一无二的娱乐体验来捕捉其注意力，达到刺激消费者消费和购买的目的。因此，餐饮企业应该在消费过程中适时加入娱乐体验，使整个过程变得有趣而愉快。

例如，西南地区不少少数民族乡村旅游区在传统餐厅内部开辟出面积不小的舞台，由乡民组建的乐队进行表演歌舞。每天晚上吃过饭之后，消费者都可以在舞蹈演员的带领下放情舞蹈，满足了就餐者愉悦身心的需求（图5-21）。

图5-21　藏民锅庄舞

（三）文化性

饮食文化是中华民族古老厚重的文化遗产之一，在中外历史上占据着重要的地位。我国的餐饮产品丰富多彩，餐饮文化博大精深，地域差异、民族差异很大，本身就积淀了丰富的文化内涵，可为消费者提供绚丽多彩的不可复制、不可取代的美好体验。餐饮企业经营者应当努力研究、挖掘特色文化内涵，做好深度开发利用。特别是在当今餐饮产品同质化竞争越来越激烈的时候，差异性的餐饮文化产品是增强竞争力的一个重要法宝。

此外，餐厅可通过多种途径，注重文化氛围的营造，形成与本企业主营餐饮品种相适应的独特的文化理念，不仅给消费者提供色、香、味、形、器皆美的食品，营造和强化文化氛围，还要让人一走进餐厅就能感受到独特的"气息"或"味道"。这种文化氛围首先可从视觉上来营造，从餐厅建筑结构、功能布局、灯光设置等方面着手，创造一个文化主题，进而通过服务人员的服务来展示独特的文化韵味，让消费者充分感受并领略其中不可言传的美妙的文化精华（图 5 - 22）。

图 5 - 22　北京康陵村正德春饼宴

（四）参与性

体验是通过全身心的参与和投入而获得的经验与体会，全身心的全面参与是提高体验效果的前提。越来越受到人们欢迎的冒险体验项目，如攀岩、漂流、划船等健身游乐项目，可以使游客全面体验感官刺激，培养挑战自我的勇气。

要尽力为消费者提供自我展示的空间和途径、展示个人才华的舞台，如配备卡拉 OK 等娱乐设施为一部分消费者提供一展歌喉或舞姿的地方；请会书法的消费者为餐厅题字并妥善保管；展示食品的制作过程，并邀请消费者亲自尝试烹饪制作，在"自己动手、亲自尝试"的过程中加深对产品的了解，体会制作的乐趣，满足自我实现心理；开发现代比较受欢迎的餐厅歌舞伴宴，营造欢乐祥和气氛等。用这些精心设计的体验，最大程度地激发消费者的精神认同和情感升华，积极带动餐饮消费，培养市场认可度。

（五）环保性

随着人们生活水平的提高，绿色健康、环保的餐饮产品越来越受到人们的欢迎。面对这一需求，在对餐饮产品进行体验化设计的同时，应注重健康环保的理念。例如，"生态餐厅"的推出不仅改善了消费者的消费环境，有利于人们的身心健康和生活质量的提升，也激发了人们保护环境的意识，树立了其绿色消费的观念（图5-23）。

图5-23　生态温室餐厅

三、乡村餐饮产品创新设计的主要内容

乡村餐饮产品内容的创新设计主要围绕前文所规定的餐饮产品的范围及主要内容展开，即有形产品、消费环境、服务体系3个方面。

（一）餐饮有形产品的体验性设计

餐饮的有形产品主要指有形菜品，这是餐饮业的根基。有形的菜品、饮品和食物的体验性设计，目的是丰富顾客的感官体验，提高消费者对产品的质量感知度，立足点是消费者在使用这些有形产品时的感觉和感受，因此，有形产品是消费者获得体验的基本载体和中心内容。有形产品体验性设计的基本要求是根据消费者的要求制作，是纯粹"个性"的、"定制"的，最终目的是使消费者全面体味和享受自己点订的美味佳肴，虽然菜品、饮品和食物作为商品消费掉了，但它应该作为一种体验，长久地保留在消费者的记忆之中。

有形产品体验设计的基本要素是色、香、味、形、器、养，应将美好的体验附加到基本环节中。

1. 餐饮产品构成诸因素的体验性设计

（1）色。色即构成菜品的各种色彩。色彩能给消费者带来视觉上的冲击，恰当的色调能够激发人的食欲，增添饮食的乐趣。菜肴在色彩上一般应冷暖相配、浓淡适宜，既要丰富多样，又要和谐统一。美食的色彩源于食物的本色和食物加工过程中人工的调色，但要想突出实物色彩给人的体验，必须注意各种食物色彩间的搭配和组合（图5-24）。

图5-24　菜肴之"色"

（2）香。香即构成菜品的各种香味。菜肴一般在气味上应做到香味扑鼻、清醇诱人。"坛启荤香飘四邻，佛闻弃禅跳墙来"就恰到好处地说明了菜肴的香味能够强烈地刺激人的嗅觉器官，是构成菜品嗅觉体验的重要因素。因此，应充分体现菜品各种诱人的香味，如烤制肉品的浓香、菊花菜系列的清香等。

菜品散发的香味来源于食物的天然香气或烹调过程中的调制。常见的食物加工制香方法有：①加热法，即通过油炸、气蒸、水煮、火烤等方式促使食物发生化学反应，增加食物的香气；②添香法，在菜品生产过程中加入佐料，这些佐料一般都是挥发性的芳香物质；③混合法，即通过各种辅助性香型原料的混合使用，调制出一种新型的香味，川菜多以此种方法调味（图5-25）。

图5-25　菜肴之"香"

（3）味。味即构成菜品的各种滋味，一般指酸、甜、苦、辣、咸这5种基本味道。消费者追求的首先是味觉享受，味道构成了菜品最重要的因素。调查显示，消费者再次惠顾餐厅的关键因素之一就是菜品的味道，因此，在滋味上要做到五味调和、脍炙人口，各道菜的味道应该有变化，讲究特点，同时又相互协调（图 5-26）。

（4）形。形即构成菜品的各种造型。造型应做到变化多样、精美和谐。例如，充分开发各种食材，利用点、线、面、体等空间形态，运用美学构图原理构成动植物、山水湖泊的自然景观和楼台亭阁等各种造型，给人带来视觉冲击，引发人的联想（图 5-27）。

图 5-26　菜肴之"味"　　　　　图 5-27　菜肴之"形"

（5）器。器即盛放菜品的器皿，一般应做到质地精良、形状美观，在造型上千姿百态、颜色丰富、图案多样。器皿与各种美食的搭配往往能构成极强的视觉冲击力，给人以深刻的视觉体验。

一般的器皿主要有陶瓷器皿、玻璃器皿、金属器皿 3 种，它们各自的质地及带来的感观不同，餐厅应根据菜品风格、特点、容量、整体环境氛围、餐厅档次等综合条件来购置适合的器具，突出餐厅的主题特色。例如，云南香格里拉的尼西土陶选料精、做工细、品种多，它是一种低温陶，主要用在生活器皿上，尤其以藏族群众日常生活所必需的熬茶罐、茶壶、火盆、火锅居多。这些黑土陶制品家家户户必备，全是黑色，质朴有特色，用这种陶器煮炖出来的食物能保持原汁原味，又因为它由天然陶土制作，对人体无害，备受当地及周边老百姓的喜爱。当地的名菜尼西土锅鸡的鲜美就来自当地制作精良的土陶(图 5-28)。

图 5-28　黑陶餐具

（6）养。养即按照人体的不同需求，根据各类食品中营养元素的类别含量和每个人的适应性进行搭配，不仅要营养齐全、比例合理，而且还要有效达到膳食平衡的目的，使其在功能上更具竞争力。如针对女性食客，餐厅可以推荐含有蛋白质、维生素 B、维生素 C、脂肪、糖类及钙、磷、铁等多种矿物质的莲藕菜系。

乡村餐厅所在地区拥有丰富的野菜资源，绿色有机的农家食品对于城市居民具有极强的吸引力（图 5-29）。所以，每个餐厅在设计富有个性、具有竞争力的餐饮产品时，应综合考虑上述种种因素，做到全面协调、合理组合。

图 5-29　有机野菜

2. 菜品的个性化设计　菜品的个性化设计就是充分尊重并理解客人的需求，既要掌握客人的共性和基本需求，又要分析客人的个性和特殊需求，同时以品质取胜，并结合最新的饮食趋势，探索菜品新路子，不断推出新产品。具体来说，菜品的个性化创新设计有以下思路可供参考：

（1）原料的开发与利用。不同的地理、气候条件使得原料特色各异，这为菜品制作与创新奠定了物质基础。同一种原料可以根据不同的部位制成各不相同的菜品，一种动植物原料可以制成多种多样的菜品。也正因为一物多用，才出现了以某一原料为主的全席宴，如全鸭宴、全羊宴、豆腐席等。

应善于利用和巧用烹饪原料，即要有利用原料的创新意识。近几年，进入厨房的原材料越来越丰富，如仙人掌、南瓜花、瓜花、臭豆腐、猪大肠、鳝鱼骨、鱼鳞等。粤菜向来以用料广泛享誉餐饮市场，主要表现在用蟒蛇、蝉蛹、蝗虫等异物入馔，另外就是大量使用海鲜，开发海洋原材料资源。许多原料在当地看来是比较普通的，但一到外地立即身价倍增，如南京的野蔬芦、淮安的蒲菜、天目湖的鱼头、云南的野生菌、胶东的海产等。此外，一些新型的原料不断涌入，一大批洋蔬菜得到引进，并且已经建立了生产基地，在洋蔬菜的带领下，新鲜的原材料将以更丰富的姿态出现在餐厅厨房。

（2）调味品的组配与新菜品风味的形成。菜肴口味类型很多，关键在于如何搭配。所以，厨师必须掌握各种调味品的有关知识，并善于适度把握五味调和，才能创制出美味可口的佳肴。可在菜品味型和调味品的变化方面深入思考，更换个别味料，或者变换味型，大胆设想，就会产生与众不同的风格菜品。

随着我国市场经济的不断发展，新的调料不断研制出来，国外调料不断引入，许多调料已不受地域的限制了。上乘的调料、巧妙的配制可为调制新味型奠定基础。如今，川菜把各种不同的调料品灵活运用，进行组合搭配，制作出各种新型口味的菜肴，新兴了一些以"新川菜"为特色的高档餐厅，如享誉于国内的"俏江南"餐饮集团；粤菜在调料上大量采用舶来品，如大量采用鱼子酱、沙拉酱、虾酱、鱼露、奶汁、侯柱、梅膏等国外引进的调味品。这是菜肴变新的一种方法，也是以味取胜、吸引宾客的一个较好途径，可以使餐饮企业在激烈的市场竞争中立于不败之地。另外，调味品的复合化、规模化、高档化也是调味品发展的必然趋势，这也将成为菜品创新的源泉之一。

（3）烹饪工艺的改良和借鉴。不同菜系在烹制工艺上必定有着不同的个性特点，应不断吸收和借鉴其他菜系甚至西餐的一些做法，使传统烹饪方法古为今用，将西餐工艺洋为中用。当今，出现了越来越多的引进西餐的烹饪方法，使得一些新的烹饪工艺不断涌现，研制出了更多的新菜品。烹饪工艺相当完整的川菜，也在不断借鉴或改良其他菜系，许多川菜厨师开始学习粤菜的调味、淮扬菜的刀工、晋菜的面食同制以及鲁菜的吊汤等。如蜀国演义酒楼推出的川菜"干锅带皮牛肉"就借鉴了滇菜"汽锅"的烹饪工艺，该菜在保证原汁原味的基础上，大大提高了牛肉的品质，以形整不烂的特点深受消费者的好评。

3. 菜品辅助产品的体验化设计　有形产品除了菜品外，还必须注重各类主食、酒水、软饮料等的改进和研究，餐厅要根据经营主题、档次、主要菜系等因素设计这些辅助内容。如高档法国西餐厅将为客人提供各类纯正的法国葡萄酒，日本料理店则供应各类日本清酒，中餐厅则以各档次的白酒为主。同时，也可根据客人不同的消费需求，搭配各类啤酒、软饮料、茶水、鲜榨果汁等产品，形成价位差异、品种多样的产品体系，共同营造以主题产品为主的系列产品（图 5 - 30）。

图 5 - 30　传统米酒

（二）消费环境的体验性设计

1. 影响餐厅环境的要素设计　就餐环境是饮食文化的一部分，餐饮文化环境的营造可以是多方位、多角度的。餐饮环境必须突出文化个性，如中国古典文化、异域文化、民间风情等，在餐厅的整体形象设计上也应遵循环境氛围与消费者的人文需求相协调的原则。

室内环境设计必须按照视觉舒适性的要求进行空间形态设计、空间界面装修、景观和陈设设计，并遵循人的餐饮行为来布置坐席、组织空间，根据餐饮时的人际距离与私密要求选择隔断方式和隔离设计，按照人的坐姿功能尺寸选择家具和坐席排列，按照客人进餐时的精神面貌营造餐厅的光和色等环境氛围，按照环境氛围选择背景音乐，按照嗅觉要求组织通风或空调设计。

餐厅内部的空间、色彩、物品、景观等每一种表现要素和物质形态都会给室内环境气氛带来相应的影响，带给人们丰富多彩的环境心理感受。

（1）空间形态。室内设计是建筑设计构思的延续，餐厅中不同的空间形式给人的感受是不一样的。矩形空间规整严肃，充满理性，适合于较为正式的餐厅；多边形、三角形稳定富有活力，给空间增添了动感，比较适合非正式的餐厅，如咖啡厅、酒吧、风味餐厅等。空间形态本身的比例变化也会影响空间气氛，餐厅通过各种大小空间的穿插，使人既可得到大空间的宏伟开阔，又可以体验小空间的宁静幽雅。

（2）材料与肌理。肌理是材料表面组织构成所产生的视感。餐厅中每种实体材料都有着与其固有的视觉、感觉相吻合的特征，不同的肌理有助于实体形态表达不同的情感。在餐厅用材的考虑中，应注意使用效果与视距的关系，如近的材料看得分明，远一些的肌理效果就不明显，所以远处可用肌理粗糙的材料来衬托高级材料，做到"低材高用"。

（3）墙面设计。餐厅墙面质地不宜太光洁，否则缺少亲近感，特别是在远离人体接触的部位，其质感宜粗犷一些；而在接近人体部位的地方宜光洁一些。大餐厅的墙面，重点部位可设立一些字画；小一些的餐厅，特别是风味餐厅，可根据室内环境范围，布置一些挂件，如具有民族特色的饰物、挂毯、挂盘等。此外，墙面设计与装修也可采用现代装修材料，如铝合金型材、白色玻璃、茶色玻璃或蓝色玻璃等。

（4）地面设计。大众化饮食店、快餐厅的地面宜选用耐磨防滑的材料，酒吧间、咖啡厅，特别是风味餐厅的地面多数采用柔软的材料，如地毯、木地板等，以增强舒适感。

（5）顶棚设计。顶棚是餐厅室内装修设计的支点，起着限定空间、渲染室内环境气氛的重要作用，其形态要结合室内空间大小、灯具和风口布置、坐席排列进行设计。在很多情况下，可利用人的向光性特点，结合灯具布置，只做局部吊顶，其形式和材料可以是多种多样的，色彩应结合光环境来确定。

（6）家具选择与设计。餐厅家具的重点是椅子、餐桌、收银台、酒柜、菜柜、碗碟柜。

椅子要根据餐厅环境氛围设计，特别是风味餐厅、西餐厅、酒吧的椅子，其造型和色彩一定要有特色，符合特定的文化气质，餐桌的大小应依照坐席数而定。如有台布，其色彩必须选择与餐厅大环境相协调的色调；收银台、酒柜、菜柜、碗碟柜要结合室内空间尺寸和所在位置进行设计，并配以灯光，整洁是其设计的原则。

坐席包括餐桌和椅子，排列原则是错落有致，避免相互干扰，并结合柱子、隔断、吊顶和地面等空间因素进行布置。还要注意室内窗帘、台布、插花、餐巾纸、餐具造型及色彩的选择和设计，达到整体和谐的目的。

（7）绿化布置。如今，把绿化引进餐厅不再是单纯的装饰，而是满足人们精神享受不可缺少的要素，现代餐厅的绿化方式包括盆栽、吊挂、挂壁等。绿色植物既可以净化室内空气，还可以作装饰环境之用，强化了室内环境的格调，也可利用现代材料创造出自然情趣。

（8）色彩。不同的色彩配合可以使空间及构件的形态、尺度发生变化，在情感表达和视觉方面，色彩视觉是最主要的体验。研究表明，对一种产品形成第一印象时，色彩的影响约占 60%。餐厅的色调会直接影响消费者的心理，不同的色彩会使人产生不同的心理感受。例如，多数餐厅用暖色调，暖色容易取得光彩华丽、热烈庄重的效果；而冷色调常可构成安静高雅、明快清爽的环境。餐厅色彩的设计关键在于选择配合是否得当，力求统一、协调，以免产生杂乱无章的感觉。此外，餐厅色彩的配置还应当与食物色泽相协调，并注意与室外景物有一定关联。地面材料的色彩应与整体环境相结合，面积大时，宜采用浅色调；面积小时，可选用中性色调。

（9）光线。光线是创造餐厅气氛的重要因素，餐厅的食品、空间形态、色彩及相互关系都是通过光线感知的。餐厅应最大限度地利用自然光，通过窗户射入室内的阳光，将天空变幻的色彩和气氛送入餐厅，使之生意盎然。灯光照明可以从公共环境中分离出各自的小天地，但真正华丽的气氛不能仅靠"亮"来表达，有效的明暗配置是把握气氛的关键，如在暗的背景中将局部的强光照在精致的餐具、食品或工艺品上，才能更好地达到目的。另一种办法是用较多的光源，设置射灯、壁灯等，照度相对偏低，也能起到迷光幻影的效果。

（10）音响。可在餐厅中布置山水小景，山石滴泉、叮咚响声，使人如同漫步泉边溪畔。随着现代技术的发展，利用音响来烘托气氛的手法也更加广泛，如背景音乐、歌舞表演、音乐喷泉等，很受消费者欢迎。

选择室内背景音乐要符合消费者的心理，更要和餐厅的整体形象、主题环境设计相吻合，如西餐厅播放典雅轻快的古典音乐、民族风情餐厅选择民族歌曲、中式古典餐厅则弥漫着韵味十足的古典乐器弹拨的乐声。此外，要注意隔声和吸声，特别要注意扬声器的位置和方向，播放声音的大小要适中，既能让消费者在就餐过程中轻松地欣赏音乐，也不至于由于声音过大而导致烦躁情绪。

（11）气味。保证室内空气新鲜、清雅，避免异味，可以采用自然通风。要求高的宴会和风味餐厅等可采用中央或局部空调，设计合理的排风系统，但要注意噪声监管。

2. 环境诸要素的主题化组合和塑造　完美的用餐环境应当是上述诸因素协同作用的结果，关键在于如何组合和塑造，以营造更加完美的主题环境，使客人获得丰富的体验效果。

餐厅室内主题环境的设计需要从多方面进行。首先要了解餐厅的结构、造型及组合要素，找出餐厅的视觉中心和方位优势；其次应准确把握餐厅室内环境设计主题；最后在实际装修中，应完美地组合环境的诸多因素，如自然光线与灯光照明的巧妙结合、色彩统一协调的运用、家具餐具的搭配等，并结合周围的自然环境、风土人情等营造出多层次、内涵丰富、特色鲜明的主题环境。

此外，餐厅的设计装修风格也是多种多样的，要根据各餐厅主题、消费者喜好、企业经济实力等综合因素，设计出有鲜明特色的主题餐厅风格，给消费者多层次的体验享受。例如，中国的传统风格体现了一种庄严的气氛，无论结构或装修，多采用对称的手法，取得稳健的效果，同时巧妙地运用装点字画、古玩等方式，创造出一种含蓄而优雅的情调；日本的古代文化在受中国文化影响的基础上又有所创造和发展，形成了不求华美而崇尚简洁高雅的特色，其餐厅多以木装修为主，室内用推拉门扇分隔空间；欧洲的传统风格流派各异，古典主义风格具有庄重稳健的气势，同时也表现出富丽堂皇的装饰效果，浪漫主义风格则表达了一种动态抒情效果。

（三）餐厅服务体验性设计

服务是餐饮产品的重要组成部分，是餐饮企业用以展示和传递体验的天然平台。如果把餐厅看作是体验的剧场舞台的话，那么服务人员就是剧场中的演员，他们所从事的服务活动就是演出，服务人员的表现将给消费者最直接的感受。

1. 综合素质的体验性设计　在消费者注重消费过程感受的时代，乡村旅游服务人员的综合素质对企业形象的好坏有着极其重要的影响。因此，首先应注重提高服务人员的综合素质，具体表现在以下几个方面：

（1）形体表现。乡村旅游餐厅提供的服装等须与场景活动相匹配，根据餐厅档次、氛围、主题等情形设计服务人员的着装，或民族风格，或异域风情，或现代时尚等。

此外，服务人员外在流露的形体表现，如服务语言、行走、手势、表情等方面都要符合体验场景的要求。服务人员应具有严格的站立行走姿势，给人一种平稳、飘逸的感觉，并且要注重手势在交际中的作用。乡村旅游餐饮企业餐厅服务员不必追求城市星级酒店服务人员的标准，最重要的是言谈举止要给人一种热情好客的感觉。另外，自然流露的微笑会增进消费者与服务员之间的感情，使消费者获得情感体验。

（2）业务综合知识。知识经济时代对员工的业务综合知识提出了较高的要求，应通过培训使服务员具备丰富的业务综合知识，包括消费心理学、营养学等。服务人员应熟知菜肴的用料、名称、烹制方法、风味特点和典故，了解不同客人的饮食习惯及消费心理，特别是一些高档乡村餐厅和会所，要求服务人员熟练掌握一门以上外语，以便为客人提供周到、热情的服务。

（3）服务技能技巧。乡村餐饮企业服务员要熟练掌握服务技术，这是服务水平的基本保证。服务技术分为制作技术和操作技术。制作技术指菜肴烹制和酒的调配；操作技术指餐厅接待和整理等。服务技术具体还表现为操作规程、语言艺术、动作表情、推销艺术等。娴熟的操作、流畅的动作、适当的解说，这一切的表现都会给客人带来耳目一新的视觉享受，留下深刻的印象。如四川一些农家乐的铜壶倒茶服务，在服务中展示长柄茶壶倒茶水的功夫，获得了消费者一片叫好；在兰州拉面餐厅，服务员手脚麻利地为客人拉出尺寸不同的面条，看着操作娴熟、技能过硬的服务，品尝着软硬适中、营养丰富的面条，闻着扑鼻浓香的味道，客人得到了物质和精神的双重享受，餐厅也树立了旗帜鲜明的形象（图 5-31）。

图 5-31 拉面技艺

（4）服务意识。服务人员能否积极主动地为客人提供周到的服务，获得客人的好评，从主观因素上取决于服务人员的服务意识是否到位。如果本着敷衍了事或散漫的态度从事工作，其结果可想而知。因此，企业在为消费者提供体验性服务产品之前，应重点引导和培养服务人员端正服务态度、理解服务的真正含义，从而喜爱服务工作。

（5）服务效率。服务效率是体现服务水平的一个重要方面，也是增强竞争力的重要手段。快速而准确的服务既可节约消费者的时间，增加消费者的满意程度，加深其对餐厅的好感，还可以降低餐饮企业的劳务成本，提高餐饮企业的经济效益。当然，服务效率主要取决于良好的服务意识和熟练的服务技能，这些都需要企业不断强化培训，引导管理员工的行为。

2. 服务流程的体验性设计　消费者在整个服务过程中将获得情感体验和感官体验等一系列综合体验，在此过程中，任何服务细节都应认真设计，优化服务流程，让顾客体验乡村餐厅的服务理念和内容，达到深化消费者体验的目的。

在服务流程的体验性设计中，企业首先必须确定餐饮服务的流程，然后对服务活动和服务流程进行系统分析，不仅对服务活动发生的地点、时间、人员构成和活动现状进行分析，而且还要分析顾客是否有改变活动现状的需求和趋势等，最后积极调整餐厅内部的活动，帮助顾客改善消费过程，在时间、地点和方式等方面更符合顾客的消费需求。

餐前准备服务流程的设计主要体现在为客人提供体验性餐饮产品而做的各项准备工作上，服务人员应明确掌握当天工作的布置情况，如重要客人的信息、宴会安排、工作注意事项、具体岗位安排、当天特色菜品情况、是否有团队活动等，做好环境布置、餐具准备等工作。

在迎宾服务流程的设计方面，餐厅可按照标准化的服务礼仪接待客人，也可以根据自身情况进行设计，增加体验深度。如蒙古族餐厅用歌舞加敬酒的简短仪式迎接客人；日式餐厅 90°鞠躬、泰式餐厅双手合十迎接客人等；甚至一些餐厅还设计了动物接待客人的新颖形式。在圣地亚哥的一家餐厅，两只鹦鹉会用英语、法语和西班牙语说"欢迎光临"，接着一只猴子会主动走上前来，很有礼貌地比划，让顾客脱下帽子和衣服，随即敏捷地将衣服送到衣帽间，顾客就座后，一只小狗叼着菜单，请客人点菜。

就餐服务阶段是整个服务流程中的精华部分，在此过程中，服务员将完成上菜、斟酒水、分菜、换菜碟、撤换餐具等一整套规范的操作程序，同时处理各种突发事件。在体验设计上，餐厅可按照主题产品等因素在服务程序及细节等方面进行独到的安排和创新，如藏式餐厅为丰富就餐过程中的综合感官体验，设计了具有藏族特色的唱敬酒歌、献哈达等内容。

餐后服务是与客人沟通的机会，在征求意见及送别客人的过程中，可以设计送别仪式并赠送相关的纪念品等，增加客人的情感体验。

3. 对客服务的体验性设计　餐饮服务是人对人的服务，其服务质量的高低在很大程度上取决于消费者的满意程度，因此，在进行体验化设计时，应深入了解客人的需求和爱好，根据不同客人的不同情况，灵活地提供服务。消费者之所以会在就餐中表现出差异性，主要是由于：①消费者能力上的差异，表现在识别能力、评价能力、决策能力和语言表达能力的高低上，这与消费者的个人智商、社会阅历、生活本领有关。②消费者气质上的差异。胆汁质的兴奋型顾客大多行动迅速,表情丰富;抑郁质的沉静型顾客大多多疑怯懦,言行谨慎;多血质的活泼型顾客大多反应灵敏,渴盼交谈;黏液质的安稳型顾客大多冷漠拘谨,固执自信。③消费者性格上的差异。外倾型的人喜欢询问餐厅情况,购买心理易受外界感染;内倾型的人常常先进行观察和思考,再对菜点做出评价;理智型的人看问题全面,多权衡轻重而定取舍;情绪型的人易受诱因影响,往往顺应饮食潮流;意志型的人目标明确,态度主动,决策果断,进餐爽快。

因此,餐饮服务人员应学会察言观色,根据消费者的喜怒,适时提供周到细致的服务;注意消费者的身份特征,安排好合适的位置,如商人洽谈、恋人约会均涉及隐私,应选择适当隐蔽的位置;注意不同性格的客人,在服务上注意分寸的把握等。

在对客服务的体验性设计中,服务应更加人性化、具有针对性,让客人真切地感受到餐饮企业确实是从顾客的角度出发,真正为客人着想。

首先,应明确乡村餐饮企业的服务定位,根据企业的实际情况培训出具有较高素质的服务人员,确定严格的服务细节标准和书面规范,并引导服务人员灵活运用。其次,管理者要不断检验体验性服务的效果,有条件的需要建立客人用餐档案,记录其用餐需求特点。通过服务员直面客人,与其热情交流,为其细心服务,主动搜集客人的消费习惯和消费心理,及时反馈信息,记录在客户档案中以供参考。

综上所述,不管是服务流程的精心设计、服务人员的全方位培训和管理,还是各种个性化服务方式的应用,其最终目的都是让消费者在体贴、周到、温馨的人性化环境氛围中体验服务的最高境界,感受发自内心的人性关怀与尊重,满足每个人渴望得到充分尊重、实现自我价值的要求。需要注意的是,餐饮企业是系统性组织,各个要素必须和谐统一。餐饮企业的菜品应与餐厅的内部设计装潢、服务等内容协调融洽,共同构建主题鲜明、令消费者印象深刻的餐饮产品。

"野奢"酒店设计

一、规划区位

规划区的主要功能区之一，最具特色的项目，凭借当地得天独厚的优越自然环境和小盆地气候，在水库风景区附近及河流上游建设一个集会议、客房、餐饮、娱乐为一体的"野奢"商务酒店。

二、规划创意

在这个科技与规则弥漫的时代，人们渴望个性化的突破。在对目前酒店业发展现状进行深入分析和深刻理解的基础上，结合国内外最新的酒店发展趋势，提出"野奢酒店"的概念，并将其引入百合村未来的规划策划设计中。

"野奢酒店"因野而奢，能够满足时尚和高端商务人群身体享受与心灵回归的双重追求，从而引领休闲接待的新时尚。从字义上解释，野奢酒店就是山野与奢华的完美结合。

1. "野"　一方面，是地域上的"野"，酒店位于具有天然美景之地；另一方面，是在酒店设计上的"野"，野奢酒店不仅粗犷野性，更与大自然完美统一，与城市酒店建筑截然不同。

2. "奢"　一方面，是物质上的"奢"，打破山野之地物质匮乏的观念，即使人迹罕至，也要有豪华舒适的物质享受；另一方面，是精神上的"奢"，艺术、文明与自然完美结合，为居住者带来独特而难忘的度假体验。

三、规划内容

围绕野奢酒店的特点，在当地打造华北第一家野奢酒店，具体包括以下几大特色产品：

1. 商务酒店区　为与主题匹配，酒店建设将充分体现"天人合一"的思想，尽最大可能保持百合村水库周边原有林地和山地风貌，围绕水库和河流建设 100 个不同类型的特色酒店房间。其中包括 10 间可容纳 5～10 人休息的总统式套房，内部拥有小型会议室和各种高端娱乐设施；30 间可容纳 10～15 人休息的高级套房，内部可召开小型高端会议；60 间可容纳 15～30 人的商务套房，可召开公司会议。

建筑将全部使用绿色环保材料，外观设计聘请著名设计师，与周边景观和谐一体。一方面，重点表现"野"与"奢"的极致对比和碰撞，在最原始或最荒野的地方创造最奢华的住宿条件：舒适的大床、现代化卫浴、水疗按摩、高品质的餐饮、亲切周到的服务等。另一方面，体现"野"与"奢"的相互交融。野奢酒店的外形追求纯真古朴，与周围环境和谐共处，是与大自然一道设计而非生硬闯入的人为建筑物。野奢酒店的存在将人们对于大自然的亲近和依赖、追求"天人合一"的极致梦想淋漓尽致地表达了出来。

酒店客房内部注重私密性，高度隔音，每个房间都有开放式阳台面向水面，顶层为单向外视型活动天窗，客人可在此仰望纯净星空，体验自然沐浴。酒店采用管家式服务，全程满足入住宾客的需求。此外，客房将配备中央空调、卫星接收电视、电话、高速互联网、电子门锁等现代服务和通信设施。酒店设有高级套间、家庭标准客房等户型，可接待 800 人入住，室内装饰以总统套房最豪华气派，在总统套房内设计了面积比较大的中庭，有潺潺活水流过（图 5-32）。

2. 商务会议娱乐中心　规划设有各种会议室 8 个，配备先进的会展设施，能同时接待国内外各种等级的会议，最大可同时接待 300 人举行会议。会议服务对象将主要针对未来昌平区发展的几大产业基地，包括未来科技城、中关村科技园区昌平园区、国家现代农业科技园、北京工程机械产业基地、中关村

图 5 - 32　野奢酒店

国家工程技术创新基地以及中关村生命科学园等。

　　酒店规划设有娱乐中心，附设洗浴、桑拿、水疗按摩等服务项目和设施。为满足游客的夜生活娱乐需求，还规划建设了乡村音乐酒吧，设立在生态林周边空地，建筑以特色木制生态外观为主，内部设有吧台和舞台，每晚有音乐演奏或乐队演出。

　　3. 百合塔主题餐厅　规划在野奢酒店中心位置打造一个标志性建筑——百合塔，聘请专业设计师设计，配合百合村和野奢酒店主题（图 5 - 33）。整个百合塔计划高度 30 米，建成后将

图 5 - 33　特色主题餐厅

成为北京山区第一高空餐厅，外观如一朵盛开的百合花，有电梯可供游客上下，花瓣处设计旋转餐厅和观景平台。游客在此尽享美味佳肴的同时，也可伴随着电梯的旋转瞻仰远处第一大佛的美景，领略四处山野河流的情趣。

餐厅聘请名厨料理，菜肴原料主要为有机山区蔬果和鹿肉。未来可开发一系列特色餐饮宴席，如禅宗素宴、全鹿宴、有机蔬果宴以及当地特色的枣芽茶、酸枣汁等，是宾朋聚会、商务宴请的绝佳选择。

4. 野奢酒店环境设计 　作为独具特色的野奢酒店，优美的自然环境必须加以维护和重视。整个酒店内部一方面重视自然山水和绿化植物的搭配，建筑设计和外观装修将尽可能与周边自然环境相适应。另一方面，针对许多酒店不重视光污染的问题，规划将加强对这里夜空美景的保护，在夜间科学管理灯光照明，尽量避免使用灯光，精确设计路灯，使光束准确地照到需要照明的地方而不向四周漫射。除了中心地带，所有建筑物外表的照明都严加控制，在午夜之后关闭观光和广告灯光。

夏日时分，这里天气凉爽，微风阵阵来袭，山中溪水在这里汇成小湖。在绿色的森林里、绚丽的鲜花旁、清新的空气中，游客可尽情享受远离尘嚣的安逸与舒适（图5-34，图5-35）。

图5-34　野奢酒店外部环境设计

图 5-35 野奢酒店内部环境设计

▶ 案例分析：
1. 乡村旅游餐饮服务如何做到特色鲜明？
2. 怎样才能使乡村旅游餐饮环境与当地环境相协调？

第四节 乡村娱乐文化创新

娱乐文化是人们在繁忙劳累的生活中出于缓解工作压力、放松身心、与人交流、化解矛盾等方面的需求而产生的文化，有单人即可完成的娱乐，如唱民歌民谣，也有需要几个人才可进行的娱乐项目，如打麻将、跑胡子，甚至有成千上万人共同参与形成的娱乐文化，如庙会、节庆等。在乡村文化旅游中，娱乐文化具有独特的作用和功效。

生活、民俗文化是斑斓多彩的人类文化的重要组成部分。民俗文化是一种活的文化形态，它不仅活在人们的现实生活之中，也活在人们的口耳相传和行为规范之中，只有活化的民俗文化形态才具有现实意义。

一、民间庙会、集市文化

我国乡村传统庙会一般多在重要节日举办，其场面盛大而热闹，此外，各地乡村定期自发形成的赶集活动也是传统文化活动的代表，它们都是中国文化的重要组成部分。庙会是汉族民间宗教及岁时风俗，流行于全国广大地区，一般在春节、元宵节等节日举行，其形成和发展与寺庙的宗教活动有关，因此多设在庙内及其附近，进行祭神、娱乐和购物等活动，同时也进行大型的物资交流，是一种民间集会习俗。乡村庙会是农村最重要的民俗活动之一，通常规模大而热闹，应有计划地组织和规划各地的庙会，使之形成重要的乡村文化旅游节点（图5-36）。

图5-36 传统庙会

民间集市贸易俗称"赶集"，有两日一次、三日一次、五日一次或十日、十五日一次等，它是各种民间土特产品、民间服务业、民间技艺的大汇集，最能展示当地的民情风貌，也颇受外地游客的关注。集市周期性地把传统文化的衣着服饰、交易习俗、民间游艺和传统艺术制作等许多载体在某一地点集中展示出来，是一个在实现传统文化与乡村旅游和谐互动方面不可多得的传统文化旅游资源，具有投资少、开发便捷的特点。因此，应以开发集市旅游来展现传统文化，发展乡村旅游，使传统文化与乡村旅游和谐发展。具体而言，集市是乡村当地人自觉或不自觉的系统而全面展示其传统生活习俗的场所，在集市里，既有当地的各种风物特产、农村用品、传统手工艺制作的现场展示，也有颇具地方特色的传统交易习俗的自然流露，更有各种民间游艺表演和地方风味食物，以及形式不一、色彩各异的服饰等。正因为如此，一些逐渐淡化的传统风俗在集市上得到一定程度的恢复和强化，使得集市成为发展乡村旅游的理想场所之一。开发集市旅游，一是应根据地形和商品交易类型，对集市的餐饮、购物休息、娱乐等功能进行科学的分区，既要有利于商品交易活动的开展，又要方便游客游览和导游带团解说。二是要在集市内及周围地区狠抓卫生工作，加强对餐饮等食品卫生的监督与管理工作，优化市场环境，使游客玩得开心、吃得放心。三是应以集市旅游为龙头，结合周边自然环境优美、传统特色突出的民族村寨，进行联合开发，构筑一幅幅天人合一、蕴涵古朴神奇民族文化的秀丽画卷，吸引更多的中外游客。四是应精心挑选乡风民俗韵味浓、特色独具的集市优先开发，树立精品意识，与旅行社等旅游企业联合开拓市场，利用互联网等现代技术进行旅游宣传促销。可见，集市旅游集游、购、娱、食等旅游产品要素于一体，具有强大的吸引力和众多的创收点，是促进传统文化与乡村旅游动态互动的有效方式，故应大力开发，以发挥其功能。例如北京延庆永宁大集，自设立之后每次都吸引大量的都市游客前来观赏。其集会内容涵盖表演、商贸、娱乐、游艺、游览、摄影等，带动了当地旅游业经济的发展（图5-37）。

图 5 - 37　北京延庆永宁大集

二、乡村民俗节庆、农业节庆文化

我国乡村传统节日丰富多彩，少数民族特有的节日活动更是不胜枚举，它们都是中国文化的重要组成部分。例如，我们了解的传统节日有春节、元宵节、端午节、中秋节、重阳节、七夕节等，另外还有独特的农耕文化节，如清明谷雨采茶节、芒种节、四月八、倒稿节等。在中国的农耕文化中，二十四节气的应用占有相当重要的地位。二十四节气注重农耕文化与传统节庆的衔接，指导着传统农业生产和日常生活，是中国传统历法体系及其相关实践活动的重要组成部分，并于 2016 年 11 月 30 日被正式列入联合国教科文组织人类非物质文化遗产代表名录。我国传统节日起源于农耕时代，体现了中华民族的和谐理念，是自然法则与生活智慧的结晶，也是中华文化的有机组成部分。例如，湖南省每一个民族都有各自的民俗文化特点，在历史的进程中形成了各具特色的风土人情。除汉族传统节日以外，苗族有"三月三""四月八""六月六""七月七"等歌舞会，还有"清明"歌会、"赶秋"歌会等；土家族也有"四月八""六月六"等节日，还有"大摆手""大端午""小端午""大重阳""小重阳"等节会或活动；侗族有"上大雾梁""赶坳""尝新节"等；瑶族则有"吃新节""坦勤贵""柏嘎节""盘王节"等节日。这些节会一般活动规模大、参加人数多、内容丰富，有跳舞、赛歌、演戏、舞龙、耍狮、演奏民间乐器，也有"上刀梯""八人秋千"等文体节目，可以说是有歌有舞、有技有艺，颇具观赏性，现已吸引了不少国内外游客前来观赏。

三、乡村传统体育文化

我国是一个历史悠久的多民族国家，各民族在长期的生产劳动过程中创造了与生产劳动、风俗习惯、文化传统紧密相连的乡村传统体育文化。传统体育已经成为建设有中国特色社会主义事业不可缺少的组成部分，是社会主义精神文明建设的重要方面，也是乡村旅游娱乐文化产品开发的一个方向，可分为民间传统体育和民族特色体育两部分。

（一）民间传统体育的开发

民间传统体育是生活在一定地域的一个或多个民族所独有的，

在人民大众中广泛传承的，具有修身养性、健身技击、竞技表演、观赏游艺、趣味惊险、民俗音乐歌舞交融特色的体育活动形式。民间传统体育作为一种传统文化要素，承载着一个民族的价值取向，影响着一个民族的生活方式，体现了一个民族自我认同的凝聚力，同时，它对提高各民族人民的健康水平、增强各民族人民的体质和促进各民族团结、构建和谐的社会文化具有十分重要的作用。作为人类共有的体育文化财富，民间传统体育是人类社会生活的组成部分，具有文化价值、社会价值、经济价值，同时也具有教育、竞技、健身、娱乐以及审美等方面的功能。民间传统体育包括三类：第一类是中华民族优秀传统体育项目，主要有武术、中国式摔跤、围棋、中国象棋、风筝、龙舟等。第二类是民间体育项目，这类项目仅限于在民间广泛开展，没有正式列入比赛项目，如拔河、跳绳、踢毽子、跳皮筋、气功、舞狮、舞龙等。第三类是少数民族体育项目，这类体育项目数量众多、风格各异。一些大众化的民间体育娱乐，如滚铁环、打陀螺、踢毽子、跳皮筋、跳房子、射箭等，易于在规模较小、层次较低的民俗旅游户设置，这些游戏最显著的特点就是"寓乐于体"，让游客在随时随地的娱乐中得到锻炼，乐享低碳生活，唤起游客儿时的记忆。

　　以丰富多彩的形式展示地区优秀，具有代表性的传统体育、民间绝技、民族文化形态，能让每一位游客和观赏者在享受民族文化精粹盛宴的同时，为民族文化的伟大和精深而感到震撼与自豪。通过表演者与观众互动，可以给游人带来无限欢乐（图5-38）。

图5-38　那达慕大会

（二）民族特色体育的开发

我国作为多民族国家，各民族民俗体育活动项目多，具有广泛的群众基础、节日特性和娱乐健身性。例如，湖南主要的民俗体育项目共有 100 多项，按运动形式可分为游戏、跑跳投、射击、舞蹈、角力、水上、攀爬、武艺八大类。民俗体育活动内容丰富，形式多种多样。有壮族的抢花炮、板鞋竞技，苗族的芦笙踩堂、硬气功和独竹漂，侗族的板鞋舞，彝族的打磨秋和陀螺，瑶族的跳八音，汉族的传统武术等。苗族的"上刀山下火海""吞火把"等观赏性强的体育绝技是民俗与时尚的盛宴；而一些喜闻乐见、便于游客参与的体育项目，其娱乐价值更大。例如，在蒙古族聚居的草原地区，赛马、摔跤、射箭、舞蹈等是民族群众最喜爱的体育活动，每年的草原那达慕大会都会吸引大量的游客，参与者和观众多达数万人；在土家族聚居的湖南北部地区，土家武术、摆手舞、毛古斯、板凳龙、舞草把龙等活动是最受欢迎的，每年都有几百场民间自发和政府主办的民俗体育活动。因民俗体育具有娱乐性和健身性，一直以来备受青睐，群众参与和观看的积极性很高，民俗体育活动相当受欢迎。

发展乡村体育文化旅游，一方面，要强化品牌意识，提升认知度。体育旅游认知度代表了参与者对其了解的程度，关系到体育旅游者体验的深度，是体育旅游者接受体育旅游传播、参与体育旅游项目和享受体育旅游服务后逐渐形成的对体育旅游的认识。特色是体育旅游资源形成吸引力、竞争力、影响力的关键，应优化体育旅游地域网络，以体育旅游中心乡镇为核心，以重点体育旅游景区（点）为支撑点，以休闲疗养、康体健身、观摩赛事、寻求刺激、民族民俗、游览观光等体育旅游为纽带，打造特色鲜明的体育旅游区。加强体育旅游这种新兴旅游形式的宣传，让人们更多地了解体育旅游，积极培育人们终身体育的健身意识和自觉行为。另一方面，做好整体规划，优化地区体育旅游资源。规划项目地区要形成一个整体，从区域资源整合的大局观念出发，在发展决策上突破行政区域及地方主义观念的束缚，共谋联合发展。

规划是体育旅游发展的纲领和蓝图，是促进其和谐、持续、健康发展的重要保证。应做好区域体育旅游资源开发的总体规划，包括跨地域的规划，充分合理地利用丰富的自然及人文体育旅游资源，进行有计划、有秩序、有重点的统一规划和安排。还要根据县镇各地体育旅游发展的实际情况，及时对体育旅游规划进行修改和修订，保持规划的及时更新和弹性，以满足体育旅游发展变化的需要。通过拓展体育旅游增效空间，联合开发体育旅游资源，建设精品体育旅游景区（点）和线路，找准定位、合理分工，形成大旅游，实现多方共赢。

四、专题系列农业嘉年华活动

农业嘉年华是一场盛大的综合性农业节庆活动，服务于都市农业和城乡统筹，以吃、喝、玩、乐、娱、购、体验等为表现形式，是农民、市民间互动和交流的大平台。北京昌平国际"草莓大会"、山东寿光国际菜博会、安徽和县蔬菜博览会和南京农业嘉年华均已成为当地都市农业的一块金字招牌和亮丽的名片（图 5 - 39）。

图 5 - 39　北京农业嘉年华

提起"嘉年华"，人们自然想到"狂欢节"，而专题农业文化"嘉年华"就是农业行业的狂欢节。农业嘉年华应科学设计，以农业文化传播为媒介，以娱乐休闲为主，围绕乡村文化打造具有浓郁地方特色的创意农业节事活动。以乡村文化资源开发为核心的创意农业特色节事活动可以表现为传统型与现代型两类。传统型创意农业节事活动是将乡村内传统庙会、赶集、祭祀、节日等活动与创意农业相结合，通过对传统活动的一系列创新，让消费者在参与活动的过程中感受传统乡村文化的魅力。现代型创意农业节事活动是以创意农业生产为基础，策划富有乡村文化内涵的主题和活动内容，以此吸引消费者，让消费者在观赏特色农业景观、品尝特色美食的同时体验乡村文化的魅力。现代型创意农业节事活动也就是通常所说的"人造节庆"，如果蔬采摘节、花卉观赏节、捕鱼狩猎节、乡村美食节等。无论是传统型农业节事活动，还是现代型节事活动，特色的乡村文化都是其开发和运行的核心。在节事活动主题设计上，要突出乡村文化；在项目设计上，要融合田园风光欣赏、独特乡村美食品尝、生产劳作体验、乡村生活体验等内容于一体；在资源开发上，要充分保持乡村文化资源的本真性和完整性，从而让消费者的体验更加真实、完整和全面。

（一）农业嘉年华的设计

各地在举办农业"嘉年华"系列活动时，应确定每届的主题，如"农家乐翻天""乡村大舞台""醉美欢乐谷""农业奇品园""农产品大 PK""快乐龙虾节""稻草人艺术文化节"等，突出亮点。同时，要设计安排好活动时间、地点以及活动内容，如休闲、表演、体验观赏、美食、农产品展示展销（购物街）、全家福、文化带等。大型的农业"嘉年华"系列活动还应做好功能分区，搞好宣传组织保障等工作。农业"嘉年华"活动还应注重体验性，让市民体验农具、农趣和农耕文化，办成名副其实的乡村文化旅游盛会。其活动内容基本涵盖展、娱、商、演、学、研6个方面，具体来讲：①展，开展乡镇小康建设和旅游农业成果展等；②娱，开展农歌会竞赛，力争邀请地方电视台以专题栏目的形式参与并播出；③商，包括农产品展销、小额投资洽谈等；④演，主要指农村民俗文化表演等；⑤学，向市民介绍养花、草、鱼、宠物的技巧等；⑥研，开展乡村休闲农业论坛或咨询洽谈会分会场等。

可设置"乡村大舞台""创意农业馆""快乐农趣""农产品PK""绝技食坊""百味品尝园""蔬菜果品大拼盘"和"涂鸦大赛"等多个创意板块。如在"绝技食坊"，美食制作高手现场展示绝活；在"蔬菜果品大拼盘""奇品园"或"创意农业馆"内，更是有很多奇花异菜和拼图活动，令人眼界大开（图5-40）。

图5-40　瓜王大赛

为展示乡村休闲农业创意产业发展成果，激发各地开展休闲农业创意的积极性和主动性，进一步推进乡村农业文化旅游创意产业的发展，应向社会展示乡村农业新成果和农民新风采，制订好每届乡村休闲农业创意精品活动和农业嘉年华方案并认真规划。村镇之间可联合举办农业节庆活动，例如，在暑期举办农业夏令营、乡村农趣比赛、水果体验系列活动；举办"醉美乡村之闻、品、尝、留"摄影大赛，参赛题材包括赏花、采果、美食、民宿等；在主要水果成熟的季节，每个周末举办本地特色水果节，如乡村草莓音乐节、草莓鲜榨果汁和草莓酒体验等活动，以及"一抓准（测重）""夹草莓"比赛、草莓采收等趣味活动；开发以葡萄种植园为主题的旅游体验，坚持"坐地销售"的原则，通过树立形象，逐步创造销售业绩，利用园地靠近的地理优势和高端葡萄的影响力，为游客提供大量高档鲜食葡萄和葡萄美酒。

（二）农业嘉年华的宣传

为扩大农业嘉年华的影响，应积极运作市场推广。相关的运作方式有：①邀请专业传媒公司制订完备的对外宣传计划；②争取与地方电视台栏目组合作，制作一档专栏节目；③与腾讯微博、抖音等新型媒体对接乡村休闲农业创意精品比赛事宜，进行现场网络直播；④制作本地农业文化旅游宣传片；⑤开展乡村农业嘉年华与休闲农业创意精品推介活动新闻发布会及开幕式，并在当天进行媒体宣传；⑥在地方电视台晚间黄金时间播放农业嘉年华创意精品推介活动宣传片和滚动字幕，预告休闲农业创意精品活动，并于活动前一个月，在市场、公交等媒介上向市民宣传，适时组织若干场社区广场宣传活动；⑦活动期间，在乡村旅游展览文化中心树立广告宣传牌。此外，在活动中，还可举办摄影征文大赛，将美景与感受化作照片与文字，同时，面向游客开展征集创意 LOGO 和吉祥物的活动，乡村组委会对作品进行评奖，优秀作品给予奖励。在以后类似的休闲活动中，还可将优秀作品以宣传广告的形式展示给游客。

案例 5 - 4

农 业 嘉 年 华

我国的农业嘉年华以南京的农业嘉年华和北京的农业嘉年华最为有名。

以"农民的节日，市民的盛会"为主旨的农业嘉年华是南京农业旅游的品牌，兼有展览、娱乐、购物、展示、宣传、招商等多种功能。从 2005 年起，每年 9 月由南京市政府、江苏省农委主办，南京市农林局承办"农业嘉年华"活动，向社会全面展现休闲农业发展成果，传递现代农业文化，为农民和市民搭建交流、互动、娱乐、庆祝和共同发展的平台。"农业嘉年华"

起源于休闲农业，服务于都市农业和城乡统筹，表现形式以吃、喝、玩、乐、娱、购、体验等内容为要素，以创意的手段包装，以人们喜闻乐见的方式呈现，以充满"农"味的素材为特色，打造一个融新、融美、融经济和社会效益于一体的富有内涵的农业盛会。南京市已成功举办了七届农业嘉年华，从向市民推介旅游农业的景观、产品与特色线路，到全面宣传现代农业成果，在社会上引起了强烈反响。南京农业嘉年华现已成为南京都市农业的金字招牌。

北京农业嘉年华始于 2013 年，是以农业生产活动为背景、国际化娱乐狂欢为载体的一种农业休闲体验模式，是建立在市场需求、农业科技、文化创新基础上的现代都市农业的全新体现。北京农业嘉年华用开放创新的思想，将农业与中国文化结合，是一场传统文化的盛会和现代都市的盛宴，也是一个聚集资源、表达主题、扩延思想的平台（图 5-41）。北京嘉年华的活动目标是惠民、兴业和创品牌，已成为北京地区农业及农村文化产业发展的重要推动力。

图 5-41　农产品创意盆景

▶ 案例分析：

1. 乡村旅游文化创新可以在哪些方面做文章？
2. 在开展乡村旅游文化活动时应该注意哪些细节？

第五节　乡村旅游景点的创新开发

乡村旅游的过程是为游客创造区别于城市生活的创新体验。乡村是完成旅游体验活动的重要场所，农村的田园风光和活动都是为形成游客独特创新的体验而服务的。

乡村旅游景点的创新开发就是以乡村为剧场，以乡村建设为布景，以乡村旅游资源为道具，以旅游者为中心，为旅游者创造难忘的回忆。乡村旅游景点的创新开发应立足于创造游客难忘的经历和感受，即以创新体验为中心来选择和利用资源，开发旅游项目。只有以创新体验为中心，才能摆脱资源的限制，通过对同一资源体验方式及体验深度的改变，创造出不同的体验效果，从而吸引游客的重复消费，保证乡村旅游的可持续发展。

一、开发原则

（一）参与性原则

体验的前提是参与，旅游者参与的程度越高，体验效果越好。旅游者不仅要能参与乡村旅游景点的活动，有可能的话，还应参与乡村旅游项目的设计。增强旅游者创新体验的重要措施就是提高游客的参与性，如果仅仅是旁观，而不能亲自参与其中并获得思索与体会，就不是真正的体验。

同时，参与性原则也体现在当地农民的参与度上，要积极引导农民参与旅游业务发展，让农民成为参与乡村旅游景点发展的主力军，最终让农民成为最大的受益者，把乡村旅游的开发作为扶贫和解决"三农"问题的有效途径（图 5 - 42）。

（二）挑战性原则

具有适度挑战性的旅游项目能激发旅游者的自豪感。当旅游者

图 5-42 农民参与民俗表演

在蹦极、攀岩、漂流、徒步等活动中完成了别人没有完成或自己以前没有完成过的任务时，自豪感会油然而生。当然，在进行景点体验设计时，要注意挑战性与安全性并存的问题，两者不能偏废。某些活动的安排应当符合国家法律和标准的要求，且必须在专业人员的指导下才能开展，如狩猎（图 5-43）、漂流、攀岩等。

图 5-43 狩猎活动

（三）多样性原则

乡村景点的创新开发应丰富多样，体验和观赏类型越多，旅游者的体验经历越丰富，个性化旅游需求的满足程度就越高，对于游客的吸引力就越强。体验类型多样化是吸引游客、保持乡村旅游持续发展的动力（图 5-44）。

图 5-44　乡村活动设计

(四)深度性原则

乡村旅游景点的创新开发还要有深度。依据资源特点的不同,其体验深度的开发形式也有所不同。遗产类自然资源和人文资源因环境容量的制约,以表层观光体验为主,中度和深度体验均以对环境不造成影响的体验项目为开发方向,如露营、野外探险活动等。

二、乡村旅游景点的创新开发步骤

(一)明确开发资源

乡村旅游就是以乡村地域及与农事相关的风土、风物、风俗、风景组合而成的乡村风情为吸引物,吸引旅游者进行休憩、观光、体验及学习等旅游活动。它包括 3 个方面的主要内容:一是乡村独特的田园风光和人文景观;二是各种农事劳动,即与农林牧副渔各产业相结合的、参与性强的劳作活动;三是乡村特有的民俗和风土人情。

一个地方能不能开发乡村旅游项目以及项目的规模和档次如何定位,很大程度上取决于当地的乡村旅游资源,因此,资源是乡村旅游开发的原材料,没有资源依托的乡村旅游是缺乏生命力的。我们需要做的就是寻找特色资源并加以放大，以期形成当地旅游的核心竞争力。

只要满足以下 4 种特性中的任何 1 项，就可以被列入当地特色资源并实施重点开发：一是规模性，有全国、全省之最称号的资源；二是类型丰富，旅游区内拥有较完备的各种类型资源，能够充分满足游客单位时间内最大信息接收量的要求；三是质量高，具有较高的美学价值和保护价值，可以从独特性、珍惜度、知名度、保存度等方面进行衡量；四是"名人效应"，能够挖掘出历史或现实生活中人们耳熟能详的名人的相关事物。

（二）确定开发方向

根据乡村旅游资源中主要资源的类型，可以大体制定乡村旅游的开发基调。应在确定基调的基础上，整合其他乡村旅游资源，并着重提出基于体验的概念。乡村旅游的主要类型如表 5-1 所示。

表 5-1　乡村旅游的主要类型

类　　型	资源内容
山水型	以绿色植被和清澈水体为主要依托，以自然环境为主
生态型	以较好的森林覆盖、湿地、水岸、草原等优秀的生态环境为主
田园型	以乡村田园风光为基本特色
农业园区型	利用现代农业生产园区、种植和养殖业生产、实验和科技示范基地
景观村落型	以古村落、古街巷、古民居和特色民居、特色村庄建筑为特色
民俗风情型	以民族特色建筑、民族传统文化为特色，主要出现在少数民族地区

（三）整合乡村旅游资源

乡村旅游包括一系列的组成要素，其核心是乡村旅游的目的地，即乡村旅游社区。一个合理开发并有长期生命力的乡村旅游目的地，应该是以下要素的整合：①乡村环境，包括山脉、湖泊、河流景观、森林；②乡村遗产，包括传统建筑、工业遗产、史前城堡、教堂村庄；③乡村生活，包括工艺、地方事件、乡村食品、农业参观、传统音乐；④乡村活动，包括骑马、骑自行车、垂钓、散步、水上体育等。

（四）提炼乡村旅游景点主题

应在前期乡村旅游资源分析的基础上，制定明确的主题。主题的确定相当于为游客的体验活动制定了一个剧本，一个明确的主题是营造氛围、营造环境、聚焦游客注意力，使游客在某一方面得到强烈印象并获得深刻感受的有效手段。设计一个精炼特色的主题有助于旅游者整合自己在乡村旅游景点的体验感受，使其留下深刻的印象和长久的回忆。

主题是体验的基础和灵魂，有诱惑力的主题可以激发旅游消费者对旅游产品的现实感受。乡村旅游景点主题的确立应符合乡村本身的特色，与乡村的自然、人文、历史资源相吻合，植根于当地的地脉、文脉，在对主要客源市场需求、个性和特色充分认识与策划的基础上，选择在历史、心理学、宗教、艺术等主题范围内进行主题开发，同时，主题的确立也应根据主导客源市场的需求，突出个性、特色与新奇，避免与周边邻近乡村旅游目的地的项目雷同。

一个好的体验主题要符合以下几个条件：①必须能调整人们的现实感受；②能够通过改变游客对空间、时间和事物的体验，彻底改变游客对事物的感受；③要能将空间、时间和事物协调成不可分割的一个整体；④多景点布局可以深化主题；⑤主题必须符合乡村当地的固有特色。

（五）体验项目设计

确定体验主题以后，接下来应根据主题线索设计乡村旅游景点体验项目，打造一个高享受的体验过程。体验项目的设计是基于体验的乡村旅游景点开发模式的核心环节，它的成功与否直接影响景点（乡村旅游目的地）旅游吸引力的强弱。

在体验项目设计过程中，最重要的是注重游客的情感需求。体验经济的最大特点是人性化，在"以人为本"的时代，应该给予消费者更多互动的机会和更加独特的体验。乡村旅游景点体验项目应立足于游客的感官需求，使旅游产品和服务引起消费者的遐想和情感共鸣。

谢佐夫对体验设计的定义是：体验设计是将消费者的参与融入设计中，是企业把服务作为舞台、产品作为道具、环境作为布景，使消费者在商业环境过程中感受到美好的体验过程。体验设计以消费者需求为前提，以消费体验为核心，在这个崭新的实战领域内，最需要的是富有创造激情和想象力的设计。项目体验设计存在从直接体验出发和从功能出发这两个角度。从直接体验出发就是从旅游者的切身体验出发，根据佛家"六识"，设计要点包括视觉设计（眼）、活动设计（身体）、声音设计（耳）、味觉设计（舌）、触觉设计（触摸）等；从功能出发即从旅游六要素的设计出发。从功能出发和从直接体验出发这两点是紧密结合在一起的，如围绕"鼻"，在进行景点设计时应使游客呼吸清新的空气、感受泥土的芬芳、享受柴木的清香、嗅出阳光的味道。

三、乡村旅游景点的设计方法

（一）再现

根据历史典籍、文献资料记载，将过去存在但现在已经消失的东西复原再现。例如，山东省周村区系淄博市辖区之一，位于鲁中，距港口城市青岛 300 千米，距山东首府济南 100 千米。唐宋时期伴随着宗教庙会文化的发展，周村商业初具雏形，纺织丝绸业为其历史悠久的传统工艺。明清时期，周村发展成为北方重镇，乾隆御赐"天下第一村"，素有"金周村""旱码头""丝绸之乡"等美誉。周村大街虽历经数百年风雨，至今仍保留完好，街区纵横，店铺林立，建筑风格迥异，被我国古建筑保护委员会专家阮仪三誉为"中国活着的古商业建筑博物馆群"。经过重新规划，对这些建筑进行维护和修葺，周村古街再现了明清时期的繁华景象（图 5-45）。

图5-45　山东淄博周村景区

（二）组合

已有的活动、产品经过重新组合，可形成另外一种新的产品，如用传统的"前店后坊"的形式，把传统作坊与参与制作紧密结合在一起，不但可以把具有特色的民间作坊展现在游客面前，还能让游客亲身参与、乐在其中。山东淄博周村的薄饼店就是如此，它将生产与销售以前店后坊的形式展现给了游人；位于杭州西溪烟水渔庄的桑蚕丝绸故事展示了南宋蚕丝图中培育蚕种、采桑养蚕、煮茧抽丝、制造成衣等22道工序，这些场景既再现了西溪妇女们的心灵手巧和勤劳的品质，又让游客们在娱乐的同时学习了江南桑蚕丝绸的知识，感受中国传统丝绸文化的深韵。

（三）移植

移植即将其他地方的旅游产品与地方文脉结合，经过本土化设计，使其与自身景观相得益彰。如江苏苏州的旺山生态园，将苏州园林的亭台楼榭与乡村田园风光、生态养殖融合在一起，一步一景，给人一种新鲜的冲突感；普罗旺斯以薰衣草花海闻名于世，北京千家店镇吸取其经验，利用当地种植向日葵的传统，打造百里葵花海，取得了很好的市场反响（图5-46）。

桓公台生态园位于齐国故都临淄区，园区以"生态餐饮，绿色文化"为主题，集南北园林特色，融齐国古都风情。步入园内，但见仿古车昂首待客，榕树枝繁叶茂，树根盘根错节，青山宛若影壁，瀑布飞流直下，河水清澈见底，游鱼流光溢彩。桓公台生态园以超前的景观设计理念、卓越的专业水准、精湛的造园技法，使自然景观与文化融为一体，风格独特，气势磅礴，和谐生趣。

图 5-46　北京延庆百里葵花海

（四）改造

对已有的资源进行全部或局部的改造，使其符合体验旅游的需求，成为旅游吸引物。杭州市区西部的"西溪湿地"是以鱼塘为主，河港、湖漾、沼泽相间的次生湿地，随着生活、生产的发展，西溪城市化现象严重，"西溪湿地"离美丽天堂的称号越来越远。通过对"西溪湿地"的抢救性改造，现在粉墙黛瓦的朴拙民居静静点缀在自然环境中，其他影响景观、建筑质量差、密度较高的农居被全部拆除。拆除建筑后留下的空地则恢复植被，补种苦楝、枫杨、大叶柳等乡土树种，而"西溪湿地"原有的柿林、竹林、梅林、芦苇群都被保留下来。在这里，除了能看到优美的生态景色外，还能感受到深厚的文化氛围。在对"西溪湿地"进行改造的过程中，选择部分世代居住在此的农户回迁至"西溪湿地"，并组织农民耕种、养鱼，保留了"活着"的农耕湿地文化。通过改造，"西溪湿地"恢复了湿地天堂那种水清岸绿、鸟语花香、蛙鸣鱼翔、梅芳柿红、桃红柳绿、芦白桑青的景象（图 5-47）。

图 5-47 杭州西溪湿地

（五）提高

提高即在原有基础上创新并发展。例如，江心洲是南京市唯一的都市农业示范基地，距南京城区 6.3 千米。这里无"冒烟"工业，无任何污染源，发展观光农业得天独厚。在发展现代农业的基础上，江心洲人民发挥聪明才智，结合乡村旅游的发展浪潮，在江心洲上建成了林果精品园、精细品种蔬菜园、葡萄园、韭菜园、虾鳖园 5 个千亩农业园区，游客可入园采摘、观光。江心洲 60 多户人家还挂牌为客人提供农家"自助餐"。

第六节 乡村旅游商品创新

旅游者在旅途中或结束行程后，总想买些旅游商品，以便日后能回忆起这段愉快的旅程。我国是一个以农业为主的多民族国家，各地不尽相同的风土人情、传统工艺和土特产品为乡村旅游商品的创新开发提供了得天独厚的有利条件，但要想将这些拥有古老传统、富有民族和地方特色的物产打造成深受国内外游客喜爱的乡村旅游商品，我们要做的工作有很多。

一、乡村旅游商品开发的类型

旅游商品特指旅游者购买的与旅游活动相关的一切物质性商

品。其包含如下几层含义：一是销售对象是旅游者，当然也存在一种商品既可以面向旅游者销售也可以同时面向非旅游者销售的情况，但其主要或重要市场应该是面向旅游者；二是旅游商品应该是人们在旅游活动前或旅游活动中为旅游活动需要而购买的商品，或者是在旅游活动中出于纪念、体验、赠送亲朋好友等目的而购买的商品。从空间上看，广义的旅游商品对旅游者而言可能存在于旅游客源地、旅途中和旅游目的地，一般而言，处于旅游目的地地域内的旅游商品更具有重要而又普遍的意义，是旅游商品开发研究的重点。

随着乡村旅游市场规模的不断扩大，旅游者的购物需求也日趋多样化，旅游商品开发逐步深入，乡村旅游商品的门类品种也越来越多。全面而清晰地认识和把握旅游商品类型，对更好地认识及开发乡村旅游商品具有重要意义。

乡村旅游纪念品在具有审美、实用价值的同时还具有较强的纪念意义，其开发范围十分广泛。

1. 工艺美术品 这类旅游商品种类繁多，是旅游者购买的重要旅游商品之一。我国乡村地区人口众多，散布着大量的民间艺人，有更多的劳动力支持劳动密集型工艺美术品的生产。

（1）雕塑工艺品。雕塑是一种造型艺术，包括雕刻和塑造两种制作方法。其工艺品种类繁多，分类体系多样。按照雕塑材料分主要有牙雕、石雕、木雕、核雕、煤精雕（图 5-48）、发雕、米雕、竹雕以及其他类型的雕塑工艺品等。如河南栾川县重渡沟镇开发出的竹雕手工艺品、湖南省洞口县的墨石雕刻、

图 5-48 煤精雕

福建省惠安县的石雕、新疆维吾尔自治区和田的玉雕等，都有悠久的历史。这些雕塑工艺品在相应地区的广大乡村广泛分布，开发潜力巨大。

（2）漆器工艺。漆器是经过制胎式脱胎，再加底漆，经打磨、推光、装饰等各工序形成的工艺品，具有色泽鲜艳、防腐、防酸、防碱等特点。漆器的制作工艺技术在我国已经有 2 000 多年的发展历史，许多地区都形成了一些著名品牌，如甘肃天水的雕漆、贵州毕节的漆器等（图 5 - 49）。

图 5 - 49　漆　器

（3）陶瓷工艺品。陶瓷工艺品包括陶器和瓷器两种。邯郸的陶瓷、石嘴山的瓷器、宜兴的紫砂茶具、唐山的陶瓷、洛阳的唐三彩、临汝的汝瓷、景德镇的景瓷、醴陵的彩瓷、德化的白瓷、龙泉的青瓷等已经形成了影响较大的旅游商品品牌，在相应地区

图 5 - 50　陶瓷工厂

的农村广泛分布（图 5 - 50）。以宜兴的紫砂茶具为例，其生产主要集中在丁蜀镇和所辖范围内的各个村镇中，生产开发具有典型的乡村特性，在乡村中也有众多手工艺人从事紫砂的生产销售等工作，紫砂产品不仅成为著名的乡村旅游商品，还是地方形象的代表和地区的代名词，紫砂生产和销售经营及其配套行业也成为当地乡村经济的重要产业部门。

（4）编制工艺品。编制工艺品指以草、竹、柳、藤、棕、麻、麦秸、玉米皮等为原料经手工编制的民间工艺品。该类工艺品在我国乡村地区制作历史悠久，种类繁多，工艺精巧，造型优美，具有投资少、成本低、可行性强、市场广阔等特点。如山东费县的草帽、湖南安仁县的军山竹篮、临武县的草席、山东莘县的芦席、天津武清区的柳编、山西岚县的苇席工艺等，都已经成为地域特色鲜明的旅游工艺商品（图 5 - 51）。

（5）金属工艺品。金属工艺品是指以金、银、铜等金属为主要

图 5-51 编制工艺品

原料，经各种特殊工艺加工制成的工艺品。在我国西藏、云南、贵州、新疆等少数民族地区流传着大量的金属工艺品传统工艺，开发前景广阔。如青海湟源的银器工艺品，西藏昌都的金、银、铜、铁工艺品的加工发展，都是比较典型的，在旅游商品开发上已经取得了初步成绩（图 5-52）。

图 5-52 云南银器

（6）花画工艺品。工艺花主要包括绢花、绒花、纸花、羽毛花、塑料花等；工艺画主要包括贝雕画、羽毛画、麦秸画、牛角画（图 5-53）、软木画、竹帘画、棉花画、彩蛋画、树皮画、蝶画等。这一类商品在广大乡村地区具有制作材料广泛、传统工艺深厚和劳动力丰富的优势，特别是最后一点，对于这类需要手工制作的商品来说，其优势更加明显。如常熟沙家浜利用丰富的芦苇资源开发的芦苇工艺画，工艺精湛，主题鲜明，地域特色明显，市场销售良好；黑龙江省汤原县大亮子河国家森林公园开发出的蝴蝶工艺画也属于这一类型。

图 5-53　牛角画

（7）织绣工艺品。织绣工艺品包括刺绣、织锦、抽纱、花边、绒绣、地毯、挂毯等，新疆乌恰花毡、和田地毯与小花帽、河北滦县的金丝绒毯等，开发条件优越（图 5-54）。

（8）其他工艺品。手杖、伞、扇、工艺蜡烛、面塑、蜡染、泥塑、剪纸、风筝、玻璃工艺品、水晶工艺品、玉石

图 5-54　织绣工艺品

等众多类型的工艺品大量留传，还有新的种类不断涌现，发展潜力巨大，如新疆和田玉器、无锡惠山泥人（图 5-55）、陕北剪纸、潍坊风筝、苏州绢扇等都已经成为重要的地方性旅游纪念品。

图 5-55　惠山泥人

2. 土特产　土特产是指具有浓郁地方特色，以地方原料或地方具有一定垄断性技术、历史悠久的传统工艺为支撑而生产加工的产品。我国广大乡村地区土特产种类丰富，且发展空间巨大。

茶叶、中药材（灵芝、人参、雪莲、草药等）、保健产品、食

品、饮品等种类众多的农副产品、地方性名特产品等，都可以开发成为乡村旅游商品，如新疆的瓜果蜜饯、河北沧州的金丝小枣、张家口的肉石（图5-56）、北京的板栗、河南陕县的观音堂牛肉、山西汾阳的汾酒、安徽祁门的红茶、福建的擂茶（图5-57）等。此类土特产在我国广大乡村地区种类繁多，是我国乡村旅游商品开发的重要内容。

图5-56　张家口肉石

图5-57　擂茶制作

二、乡村旅游商品的开发策略

（一）做好市场定位

乡村旅游商品的主要销售对象是乡村旅游者，但不同乡村旅游目的地的市场结构是有很大差别的。具体而言，首先需要了解到这里来旅游的都是些什么人（如性别、年龄、职业、收入等）、他们从哪里来（如城市还是乡村、周边地区还是远道而来、国内还是国外等）、来多少人、为什么而来、怎么来的（如散客还是旅游团、骑自行车还是自驾车、火车还是公共汽车）等，进而分析旅游者的旅游购物需求特点。旅游者对商品的需求有共性也有个性，对商品的品种、类型、特点、规模、包装、携带、体积、数量、重量等需求的总体取向不同，其消费喜好，对旅游商品的纪念、实用、收藏等功能的重视程度存在差异，消费水平与支付能力、审美取向、文化欣赏能力也有所不同。乡村旅游商品的设计开发与营销者要进行旅游商品市场需求调查分析，这是获取市场需求特性的重要方法和手段，深入的旅游市场调查分析是乡村旅游商品设计开发成功的重要保证。

　　从总体上看，乡村旅游商品市场需求的主要品种是乡村的农副产品、土特产、传统工艺品、绿色食品、环保产品、手工制作类商品等，因此，在乡村旅游商品开发上应该对这些方面的商品有所侧重。对于乡村鲜活水产品，需要短时间保鲜的水果、蔬菜、鲜花等旅游商品，其主要购买群体是附近城市的游客，如新疆就不能将这类产品作为主要的旅游商品出售给远道而来的游客，只能将可以长距离携带、长时间保存的葡萄干、杏脯等商品推荐给游客；吐鲁番的葡萄虽然大又甜，但是对于远行的游客来说只能作为旅游的消耗品品尝，不能带走。一些地方特色浓郁的纪念品对外地游客具有较强的吸引力，而对于本地区游客的吸引力较小，因为本地旅游者在文化传统上大致相同。此外，如果只是价格合理、质量良好，但不具有地方特色，不是本地生产或地方所独有的，不能够代表景区或旅游目的地特点，其市场竞争力也会大打折扣。

　　好的商品还要有合适的价格才能够唤起旅游者的购买欲望，并最终成交。为此，一方面，需要考虑商品的价位，要在保证商品生产和销售效益的前提下制定一个顾客可以接受的价格。有些旅游商品可能质量很好，旅游者也非常喜欢，但如果旅游者认为花这样的价格购买不值，就会干扰旅游者的购买决策。另一方面，一般的旅游者在购买旅游商品时，对其购买能力而言有一个平均支付水平，如果旅游商品价格远远超过这个平均水平，即便旅游商品的品种丰富、质量上乘，其销售市场也将萎缩。此外，要对不同需求的人群进行细分，按各自所需进行旅游商品的设计和开发生产。

　　可见，只有细致而深入地把握乡村旅游市场定位，才能够有针对性地开发旅游商品，实现旅游商品的市场化目标。

（二）找准乡村旅游商品开发的资源

　　商品取材与主题设计要紧紧依托地区的资源条件。开发什么品种的乡村旅游商品，要看这个乡村所具有的条件，有什么资源可以开发，依托乡村已有的产品，同时要注意创新发展。俗话说"巧妇难为无米之炊"，对于乡村旅游商品开发而言，选择什么"米"来做出一顿什么样的"饭"是一项非常重要的工作，也就是说，如何选择利用现有资源条件开发旅游商品十分重要。

具体来说，在进行旅游商品开发之前，要进行全面的开发因素调查分析，把握资源的基本情况，然后分析其开发的潜力和可能。体现地方特色的关键在于能否抓住地方特征，并将其融入旅游商品的开发设计中来。

乡村中可以成为旅游商品开发的资源条件有很多，将地方物产开发成旅游商品是一种普遍的开发形式，河北沧州的金丝小枣、北京郊区的板栗、黑龙江省伊春大森林的食用菌等成为旅游商品都是地方物产开发的成功案例。有些地方物产是当地的特产，其他地方不存在，如黑龙江省同江市赫哲族少数民族地区以鱼皮为原料开发的乡村民族旅游服饰、工艺、日常生活类商品，是名副其实的具有悠久历史和民族传统特色的地方特产。有些物产虽然其他地方存在，但在产品质量或品质上存在差异，如茶叶在我国虽然产地众多，但这并没有影响各个地区将茶叶作为旅游商品开发的热情，其原因是我国茶叶有众多类型，各个地区类型不同，即便是相同的类型，不同地区也有不同的品牌和质量。

同样的工艺、同样的材料，可生产出同类型的手工艺品，但表现主题不同，商品就具有独特性甚至是唯一性。如都是玩偶工艺品，在新疆的表现主题是阿凡提，而在云南则表现为傣族舞蹈者，黑龙江省则为可爱的东北虎、丹顶鹤、黑熊、梅花鹿等动物形象。这种开发体现出了人无我有、人有我优、人有我异的产品资源差异性。

乡村的历史、人物、故事也可以成为乡村旅游商品开发的重要资源。浙江兰溪诸葛八卦村利用其三国著名人物诸葛亮后裔最为集中分布的地区特征，在旅游开发上重点打造与诸葛亮或三国相关的品牌，开发成效显著，成为 4A 级旅游景区，其在旅游商品开发上也利用这一历史人物的文化渊源，开发出诸葛亮标志性的生活用品——羽毛扇，深受旅游者的欢迎。黑龙江省是满族的发祥地，相传清代黑龙江省肇源县古隆和宁安分别是专门为皇家生产贡米的地方，在这一历史传说的启发下，两个地方分别开发出了贡米旅游商品。有些乡村根据景区的文化主题内容开发出相应的工艺纪念品，将景区、景点的人物或景物仿制成工艺品出售；有的将景点名称、旅游形象、宣传口号、民族文字、标志性景物等印到T恤衫上成为乡村旅游商品，如印有惠安女形象的福建惠安海滨渔牧文化旅游纪念品以及众多印有地区标志性景物图案的旅游纪念品等。

乡村饮食文化中的众多元素都可以开发成为乡村旅游商品，如各地、各民族居民日常的传统饮食等。在这一方面，开发的成功案例是较多的，如泡菜类旅游商品在我国各个乡村地区都普遍存在，而泡菜绝大多数直接来源于乡村普通居民的日常饮食，后来逐渐开发成为旅游商品，韩国人甚至将泡菜开发成为国家的主要旅游商品，其销售量和收入在国家旅游商品中位居前列。此外，江南乡村地区居民日常食用的梅干菜、东北居民冬季普遍食用的酸菜、无锡的肉骨头、土家族常年食用的腊肉、赫哲族居民常年食用的鱼肉松，甚至农家用大铁锅焖饭在锅底形成的锅巴等，都可以开发成为乡村旅游商品。

地方性服装服饰是乡村旅游商品开发的又一个重要内容，其中包括用特色材料制作的服装、不同制作工艺或不同款式的服装；也包括各类装饰物品，如服装上的装饰用品，用于头部、颈部、手部、胸腰部的装饰用品等。苗族妇女的银饰品、傣族妇女的彩色编制饰品、贵州安顺地区的蜡染织物饰品等都是在当地十分常见的旅游商品。

我国广大乡村地区有着丰富的旅游商品加工原料，这成为乡村旅游商品开发的重要物质基础，如伊春林海丰富的森林物产、青岛丰富的海洋物产、江西井冈山地区丰富的竹海物产、新疆丰富的果品资源等，为旅游商品开发提供了充足的加工原料。我国广大乡村有着众多手艺匠人，长期从事手工艺品的制作和创新，他们是一个地区开发乡村旅游商品的重要资源。一些地区经过长期积淀，形成了具有鲜明地域特征的传统技术和手工艺生产行业，如编织、雕刻、锻造、冶炼等，应重视这些乡村人力资源，一个能工巧匠可以开发一类商品、培养一批人才、形成一个产业、发展一方经济。此外，乡村地区还有众多资源条件可以开发成为旅游资源，如生产工具、生活用品、礼俗用品等。

在乡村旅游商品开发过程中，应有敏锐的触觉和开阔的视角，用创新的眼光审视乡村的一草一木，从中寻找旅游商品设计创作的灵感。

三、做好乡村旅游商品的包装

旅游商品的包装是依据商品的属性、数量、形态以及储运条件和消费需要，采用特定的包装材料和技术方法，按设计要求创造出来的造型和装饰相结合的实体，具有技术和艺术双重性质。包装的目的是保护商品、方便储运、促进销售。

包装通常由包装材料、包装技术、包装结构造型和表面装潢四大因素构成。其中，包装材料是包装的物质和技术基础，包装结构造型是包装材料和包装技术的具体形式，表面装潢是利用包装材料、技术、结构造型并通过画面与文字美化来宣传和介绍商品的主要手段。

保护功能是包装的基本功能，也是最重要的功能。商品在流通过程中会受到各种外界因素的影响，为防止商品在流通过程中发生物理、化学、机械、生理学变化，造成商品损失或损耗，如在储运和流转过程中由于光线、气体、温度、湿度等因素导致商品老化、氧化、锈蚀、干裂、脱水、霉变、融化和腐烂及在商品运输中由于颠簸、冲击、震动、碰撞等造成商品破损、变形、损伤、散失等，应根据商品的特性和储运销售的环境条件选择合适的包装材料，设计合理的包装容器，加强对商品的保护，以减少商品的质量变化和损耗。在乡村旅游商品中，有大量食品、鲜活商品和需要特殊保护的工艺品等，这些对于包装的保护性有着较为严格的要求。

包装在产品保护上所体现出的技术与方法各不相同，表现出防潮、防水、防霉、防虫、防震、防锈、防火、防爆、防盗、防伪、保鲜、安全、透气阻气、压缩、真空、充气、灭菌等技术类型。不同的商品要求采取的技术与方法各不相同，如水果、蔬菜要求保鲜包装，工艺品要求防震包装，食品要求真空包装等。黑龙江省伊春市林区采用压缩包装形式包装木耳、猴头蘑等蓬松类山珍干货产品，使产品的体积大大缩小，增加了商品的便携性，从而增加了游客的购买数量。压缩包装要根据商品的特性，在不对商品实用功能产生负面影响的前提下有选择地采用。

包装的方便流通功能是指包装可为商品在流通领域的流通和消费领域的使用提供便利。在商品流通领域，合理的包装和恰当标志可以方便运输、装卸、储存、分发、清点、销售，在消费使用中便于识别、开启和携带，在商品使用后还可以进行回收。

良好的商品包装是促进商品销售的最佳广告，是无声的推销员，能够引起消费者的注意，唤起消费者的共鸣，激发消费者的购买欲望。包装有传达信息、表现商品功能、美化商品功能的作用，同时也是商品品牌塑造和宣传的重要手段，是商品品牌的延伸。商品的品牌一旦形成，会给消费者以安全和信誉保证，商品的包装是商品品牌最直接的形象，对包装的识别也是对品牌的一种认知和认可。包装是品牌的形象外化，能够彰显商品的文化特色。

商品包装主要通过包装上的文字和说明向消费者介绍商品的名称、品牌、产地、成分、功用、使用方法、产品标准等信息，起到宣传商品、指导消费的作用。其美化商品的功能则是通过整个包装的装潢设计和造型安排，突出商品的性能和品质。

旅游商品销售包装标志与其他商品的包装一样，首先要严格按照相关国家标准执行，然后根据商品的特性，在此基础上突出宣传美化商品的功能。商品包装上一般应该有商品名称、商标规格、数量、成分、产地、用途、功效、使用方法、保养方法、批号、品级、商品标准代号、条形码、文字标志等，对于一些重要的商品，还要使用国家的强制性标准，如国家在食品标签通用标准中规定了食品标志的具体内容包括食品名称、配料表、净含量和固形物质量、厂名、批号、生产与保质日期标志及储存指南、食用方法、质量等级、商品质量标准代号、使用方法和注意事项、产品性能指示标志、特有标志、产品原材料成分标志等。

除上述3个方面之外，乡村旅游商品的包装还应在包装材料文字说明、彰显特色、体现品质、图片展示、商品露视、表现文化、呈现人文关怀等方面加以考虑。

包装材料的运用应充分考虑材料的文化属性，不同的材料能体现不同的地域特色和民族特色，制作各种包装物品要因地制宜、量材施用。包装材料的种类有很多，如纸包装、塑料包装、金属包装、玻璃陶瓷包装、木包装、纤维包装和复合材料包装等，其中以纸、竹、木、泥、植物等天然材料最能够体现乡村自然原始的状态，再加上简单加工和精心的装饰设计，可以通过包装材料渗透出浓郁的乡村自然原始气息。如福建用竹笋壳包装茶叶、海南用椰子壳装饰纪念品等，使旅游商品在包装上凸显了乡村主题特色。此外，相比于常用的纸质和塑料包装材料，这种包装更能体现乡村的绿色环保特性。全国农业旅游示范点河南省栾川县重渡沟镇开发出的用竹筒作为包装的竹筒米饭、竹筒老酒等旅游商品，市场效益明显，其旅游商品的包装具有浓郁的地方乡土特色，同时通过包装材料又赋予商品以新的文化内涵。

在乡村旅游商品包装的文字说明设计方面，除按照相关要求体现商品的性质内容外，还要根据商品特点表达出原始、野生、绿色、环保、传统、手工、特产等内涵来，这与城市体现高科技、现代化、机械化、国际化特征的旅游商品有着本质的区别。在商品的质量标志中，还要说明商品所达到的质量水平标志，如优质产品标志、产品质量认证标志、商品质量等级标志、绿色产品标志等。

商品包装上的图片、照片或商品显露出的实物要尽可能地展示出商品的特征，并将文字表达出的主题含义或内容通过图片辅助解释、深化认识、强化刺激、提高认同，如体现地方性标志的图案、商品出产的环境、商品生产的工艺与商品设计艺术等。

最后，包装还需要注意人性化设计，如便携性、方便开启和使用等，若能处处传达出人文关怀，将会大大增强游客的购买欲望。

英国农夫集市

纵观美国、加拿大、日本的农夫市集和生态农场，购买有机农产品俨然成为追求健康生活的环保人士的一种休闲方式，市集也早已摆脱了泥土味，穿二手衣服和逛市集成为一种街头社区文化，市集也成了旅游观光的热门景点（图 5-58）。

图 5-58　英国农夫售卖有机农产品

周末农夫市集在欧美蔚然成风，比起商业目的明显的连锁超市，小农群聚的周末农夫市集更有理想，也更有人情味（图 5-59）。

市集直接由生产者摆摊，不但照顾了当地小农，可提高农民收益，也确保消费者能买到更新鲜、更多元的本土食物。在英国，几乎各个城市都有知名的农民市集，成为都市最美丽的风景。

每逢周日，位于英国伦敦千岁老波罗市场外的农夫市集都在停车场聚集（图 5-60）。

图 5-59 农夫市集

图 5-60 英国农夫市集

这是由伦敦的农夫市集组织号召成立的 20 多处假日农夫市集之一，以"直接向农夫买"为口号。别看它规模小，这里曾被旅游杂志评选为"伦敦最佳市场"。

在主办方用心规划及小农的通力合作下，这里的农产品不仅多样化、质量绝佳，营造的文化氛围更让它特色明显，吸引了居民及游客前来消费。三四十摊小贩各自林立，有新鲜蔬果，也有自家做的肉品、吉士、糕点。每一家的产品来历，都可在市集网站上查找（图 5-61 至图 5-63）。

图 5-61　英国特色有机农产品

图 5-62　英国人选购农产品

图 5-63　农产品现场制作

　　农夫市集总是吸引不少伦敦人远道而来，这里的很多独特品种在超市买不到。

　　发起农夫市集的农夫市集组织认为，现今各国，大量超市主宰了食物采购行为，不在产销链中的小农及食材都有生存危机。因此，农夫市集组织的责任就是直接连接生产者与消费者，并诚恳地建议当地小农该种什么、怎么种、怎么打开销路，同时，也会和消费者分享哪些食材最当令、如何料理。

　　在农夫市集中有很多独特品种，因此顾客对农夫市集有期待感，会常来逛，并挑选特别的食材，让饭桌上的滋味更丰富；而农夫也因为有自己的特色产品，不必削价竞争（图5-64，图5-65）。小农也因此能放心种植多样化食材，不必整日为提高产量、盘算成本而担忧。当农民免除生活压力后，自然会更加热爱脚下的土地，友善耕作，而真正受益的，其实是能品尝到多样化食材、吃到更天然有机食物的人们（图5-66）。

图5-64　有机农产品陈列

图5-65　特色有机农产品

图 5-66　英国农夫市集环境

　　欧美市集和生态农产品之所以能得到消费者认可，其深刻的社会原因在于 20 世纪 70 年代后期众多人士对工业化文明和消费主义的深刻反思。《寂静春天》《动物庄园》《希望的收货》《低吟的荒野》等一大批反映农药滥用、抗生素滥用以及病死动物腐尸流入餐桌等食品安全的社会现实小说以及追求自然和人类生活和谐相处的自然科学文学作品在那一时期大量问世。

　　在消费者的觉醒中，生态农业及有机农业的参与者和实践者也纷纷响应，一条可以自给自足、有安全保证的农产品替代性流通模式——农夫市集和有名的社区有机专卖店"全食"应运而生，可以说，农夫市集的

图 5-67　农夫市集宣传

出现和"全食"的快速发展更多顺应了时代的潮流和消费者的心声（图 5-67）。

▶ 案例分析：

1. 从英国农夫集市的发展过程中，我们能得到哪些启示？

2. 大城市郊区的传统农业应如何进行创新升级？

图书在版编目（CIP）数据

乡村旅游产业创新实践与案例分析 / 马亮著 . —北京：中国农业出版社，2019.8（2020.5 重印）
ISBN 978-7-109-25751-1

Ⅰ．①乡…　Ⅱ．①马…　Ⅲ．①乡村旅游－旅游业发展－研究－中国　Ⅳ．①F592.3

中国版本图书馆 CIP 数据核字（2019）第 154897 号

中国农业出版社出版
地址：北京市朝阳区麦子店街 18 号楼
邮编：100125
责任编辑：国　圆　郭晨茜　　文字编辑：刘昊阳
版式设计：王　晨　　责任校对：巴洪菊
印刷：北京万友印刷有限公司
版次：2019 年 8 月第 1 版
印次：2020 年 5 月北京第 2 次印刷
发行：新华书店北京发行所
开本：880mm×1230mm　1/32
印张：7
字数：260 千字
定价：25.00 元
